서울, 광진
천년을 살다

서울, 광진
천년을 살다

광진구 역사문화기행   양경태 지음

안티쿠스
ANTIQUUS

일러두기

1. 이 책은 2020년 9월부터 2022년 12월까지 블로그 〈칠칠이의 광진역
   사이야기〉(https://blog.naver.com/gjjmaza/222121850719)에 연재되었
   던 글을 보완하여 출간한 것이다.
2. 본문에 사용된 사진은 권말 부분에 사진출처 목록으로 정리하였다.
   그러나 일부 저작권자를 찾지 못한 일부 작품은 저작권자가 확인되는
   대로 절차에 따라 사용허락을 받거나 계약을 맺을 예정이다.
3. 본문에 실린 주요 고유명사는 검색하기 쉽도록 권말에 〈찾아보기〉에
   수록하였다.

필자는 1975년에 광진에 이사 와서 초·중·고를 여기서 다니면서 계속 살고 있어 50여 년을 주소지로 두니 거의 고향과 다름없는 곳이 되었습니다. 광진구의 역사 문화에 대한 서적은 1997년, 2016년에 발간된 광진구의 책자와 광진문화원에서 발간된 책들이 있습니다.

좋은 책들이지만 저 나름대로 광진구 문화유산을 정리해보자 하는 생각에 한 달에 한 번씩 블로그에 쓰게 된 내용과 일제시기 조선총독부의 한반도 고적 조사의 일환으로 1916년, 1918년에 광진 지역을 답사한 보고서를 보게 되어 이를 엮어서 책으로 내게 되었습니다.

특히 1918년 조선총독부 문서는 학계의 연구는 되어 있지만 번역본이 없어서 부족한 실력이나마 중곡동에 사시는 우찌다 마사끼(內田正希) 목사님과 신한준 작가님의 도움을 받아 번역할 수 있었습니다.

광진 일대는 조선 시대 한성 10경 중 하나로 꼽혔고 일제시기에도 용인 에버랜드 같은 유원지 공원을 조성하려는 시도가 있을 정도로 풍광이 좋은 곳입니다. 글을 읽으시는 분들이 제 글을 보시고 광진을 돌아보는 계기가 되었으면 합니다. 글에 있는 내용들에 대한 오류와 인용 글과 사진, 도록들은 제가 취합하여 출처를 최대한 밝히고자 했지만, 혹시 누락된 부분들은 오롯이 저의 책임이며, 부족한 소치이자 저의 책임입니다.

서문의 끝맺음을 다산 정약용 선생의 시 한 편으로 갈음하고자 합니다.

광나루에 도착하여(次廣津)

종횡으로 엇갈린 수륙의 길목	/ 縱橫川陸道
강가 버드나무 도성 문에 연이었다네	/ 岸柳接都門
말과 소는 배가 작다 서로 다투고	/ 牛馬爭船小
어룡은 시끄러운 물에 괴로워하고	/ 魚龍厭水煩
마음이 툭 트인 드넓은 들판	/ 曠心方大野
눈이 크게 뜨이네 이름 높은 정원	/ 駭矚盡名園
붉은 누각이 저 멀리 어른거리니	/ 紫閣依然見
떠들썩한 도회지 소리 나는 듯하구나	/ 如聞市陌喧

서울, 광진 천년을 살다

서울, 광진 천년을 살다

광진구의 처음(지질 이야기)

광진구의 지질

광진 역사 이야기만 하다 보니 역사가 아닌 지구과학과 지질학 이야기를 하게 됐습니다. 우리가 사는 터전이 땅이다 보니 지구의 역사 속의 광진이 가장 처음 해야 될 이야기이기도 하구요.

광진구의 지질은 단순합니다. 하지만 복잡합니다. 무슨 이야기냐 하면요.

한반도의 지질역사를 이야기 하려면 지구가 하나의 대륙 즉 판게아 대륙부터 시작해야 합니다. '지구이동설'에 따르면 지구가 지질상 2억 2천 5백만 년 전(중생대)까지는 하나의 대륙(판게아)으로 이루어져 있었다고 합니다.

판게아 대륙은 고생대와 중생대 사이에 로렌시아 대륙과 곤드와나 대륙으로 분리되고 호주, 아시아 동부, 남극 대륙으로 이루어진 곤드와나 대륙 중 한반도는 적도 부근에 호주와 붙어 있었던 바닷가였다고 합니다. 그 증거가 평안도 부근의 평

아차산 팔각정 부근 화강암 언덕

안계 지층과 태백산맥 남쪽에서 서해안으로 이루어지는 옥천계 지층에서 발견되는 산호화석 덩어리 퇴적암인 석회석입니다. 중생대(2억 5천만 년 전~6650만 년 전)시대에 지구는 지구의 지각은 서서히 갈라져서 지금의 6대륙 형태를 띠기 시작합니다. 한반도는 임진강변의 추가령 지구대를 경계로 북쪽 부분과 경기도와 소백산맥에 이르는 지역, 그리고 경상도 부분으로 크게 세 부분으로 북쪽으로 북상하다 만나게 됩니다. 이러면서 많은 해상지표면이 지구 속 맨틀로 들어가고 지구 속에 있던 암석층(이걸 화성암이라 한답니다. 화산암 하고 달라요.)이 지표면으로 솟아오르게 되어서 한반도에서 남부 해안 지방의 중생대 지층(화산이 터졌데요)과 신생대 지층인 백두산 한라산 울릉도를 제외한 대부분의 산과 산맥을 형성합니다. 우리나라에서 가장 많이 나타나는 화강암층은 1억 8천 만 년 전에 생긴 중부지방의 대보화강암층과 1억 6천 만 년 전에 생긴 경주를 중심으로 한 경상도 지역의 화강암층입니다. 그 다음으로는 신생대에 생긴 지층(주로 빙하나 바람에 의한 퇴적층과 하천에 의한 충적층[홍적세, 충적세]과 화산생성물)이 있지요.

정리를 하자면 광진구의 지층은 25억 년에서 18억 년 전 사이(시생대~원생대)에 형성된 편마암 지층이 맨 처음 형성되었습니다. 그 다음 원생대(5억 5천 만 년~2억 5천 만 년 전)의 바다 퇴적층(석회층)이 쌓였던 것으로 보입니다(이것은 광진 지역에서 발견되지는 않지만 서울 강남에는 석회광산이 존재하기도 합니다). 광진에서는 아차산성과 워커힐, 자양동의 성동초등학교 언덕, 자양한강도

편마암 - 주로 가로 세로로 검은색 바탕에 흰줄이 그어져 있는 돌입니다.

서관 동쪽 언덕, 중곡동 구릉지대 등의 편마암 지역이 이곳이 죠.

아차산은 왜 왼쪽은 돌산이고 오른쪽은 흙산일까?

1억 8천 만 년 전 광진은 화산활동이 아니라 지각융기(대륙이동설)로 맨틀 중 화강암이 편마암층(아차산 오른쪽 아차산성 흙산)을 뚫고 융기하게 되었습니다. 이것이 아차산 왼쪽 용마산 쪽의 화강암 바위층입니다. 거기에 신생대 시절에 여러 차례의 빙하기 시대와 하천의 범람으로 생겨난 퇴적층(홍적세층 258만 년

14

화강암 – 흰 바탕에 검은 점이 박혀있는 돌. 도로와 인도 경계석이 대부분 화강암입니다.

전~1만 년 전)이 아차산 용마산 아래에서 한강과 중랑천에 이르는 평야지대입니다. 마지막 최근세 퇴적층(충적세층 1만 년 전~현재)을 이루는 곳이 한강변과 중랑천변입니다.

아차산을 등반하면서 왜 팔각정 쪽은 돌 투성이고 오른쪽 아차산성 쪽은 흙인지 궁금한 게 풀리셨나요?

사진으로 편마암과 화강암과를 구별해 드릴게요. 편마암은 흰색과 검은색이 층층이 이루어져 있습니다. 화강암은 흰색(혹은 붉은색)과 검은색이 점박이처럼 박혀 있습니다. 흰색의 성분은 주로 실리콘(규소, 석영)으로 이루어져 있고요. 검은색의 성분은 철이 많이 함유되어 있습니다. 그 중 화강암 사이에 흰색의 석영맥이 보이는데 노란 부분은 금이거나 황철석(바보금, 철이랑 유황이 합해지면 누래진대요.)일 겁니다. 이참에 광석도 언급해야겠지요.

맨틀에 존재하던 암석은 무거운 원소들(철, 금, 은 , 구리 등)로 구성됩니다. 우리나라가 금이 많이 나오는 이유 중 하나가 화강암층에서 금맥이 많이 나오기 때문입니다. 퇴적암층에서 석탄과 석유가 나오는데 우리나라는 석탄층은 일부 발달해 있지만 석유층은 드물죠(석유가 생성되려면 안정적인 퇴적층이 필요한데 한반도 지층은 너무 많이 이동하면서 중생대 시기 화산이나 지각변동이 심해서 드물답니다). 한강 부근도 금이 많이 나오고 삼국 시대 수도 부근이 유명한 금산지입니다. 그것도 사금으로요. 이른바 경주의 형산강, 몽촌토성 옆 탄천, 평양 대동강 부근 모두 순도가 높은 사금이 산출되어 금관이나 장신구들이 많이 나오게 된 이유입니다. 고려, 조선 왕조 때는 인근 강대국에 조공(朝貢)을 바치지 않기 위해 고의적으로 채굴을 하지 않은 부분이 있습니다. 일제 강점기에는 아차산에서 무거운 금속인 중석광산이 있었다고 합니다. 금도 발견 가능할지도 몰라요. 또한 석영질(차돌)의 암반에서는 수정이 발견되기도 합니다. 한강변에서는 품질이 낮은 수정을 발견한 적이 있고 아차산에서도 석영질의 수정이 있습니다.

광진구의 선사시대

선사시대란 아시다시피 문자로 기록되는 역사시대가 아니라 유물 유적만 발견되는 인류의 시대를 말합니다. 이른바 구석기 (300만 년~1만 2, 3천 년 전), 중석기(1만 2, 3천 년~1만년 전), 신석기(1만 년~5천 년 전), 청동기 초기(5천 년~4천 년 전) 정도입니다. 한반도의 경우 2000년 전인 기원 전후까지를 선사시대로 파악합니다. 이후로는 제한적이지만 중국의 기록이나 삼국 시대 기록들이 남아내려 오니까요.

고대 인류의 생활상을 보면 신체적 취약점으로 육상 동물도 개 이하의 크기를 가진 동물 정도만 사냥했지 대형동물들을 공격하는 것은 일부 초식동물 정도를 제외하고 사냥이 힘들었다고 여겨집니다.

그러면 인류가 거주하기 가장 용이한 지역이 어디일까요?

많은 선사시대 유적이 산속 동굴에서 발견되지만 의외로 강가나 바닷가에 많은 인류가 거주했답니다. 물고기는 인류에게 그다지 위협적이지도 않고 크게 다치지 않고도 단백질을 섭취하기도 쉬웠으니까요. 다만 현재 인간의 거주지와 겹치고 파도, 홍수 등의 침식으로 유적지가 많이 남아 있질 않습니다.

신석기 이후 농업혁명이 이루어지면서 인류의 거주지는 물이 풍부하고 지대가 평탄하여 농사를 지을 수 있는 곳에 집중적으로 거주한 흔적이 나타납니다. 바로 한강변이 최적의 장소입니다. 한강변에 맞닿아있고 홍수를 피하고 외적방어가 쉬운 언덕이 최적의 거주지였을 것입니다.

광진구는 어디일까요?

자양동 언덕 – 자양한강도서관까지의 한강변을 따라 동쪽으로 현대 한솔 아파트 언덕(대산)-구의 3동 옛 구정동(九井洞)[1] 지역, 지금의 어린이대공원인 능동(능리)과 중곡동 능선, 광장동 언덕 등이 그 조건에 맞겠죠.

국립중앙박물관에는 이른바 횡산자료(橫山資料)로 불리는 유물들이 있습니다. 1923년부터 1944년까지 경성제국대학(지금의 서울대학교)에서 윤리학과 철학을 가르치던 요코야마 쇼자부로(橫山將三郎, 1897~1959)라는 사람이 한강 유역을 답사하면서 발견 채집한 자료 속에서 광진의 선사 유물들을 보게 되었습니다.[2] 그는 1930년대 한반도 전반에 걸쳐 선사시대 유물채집에 주력했는데요. 그가 발견한 것 중에는 임진강 유역의 문산에서 1935년 한반도에서 최초로 발견된 구석기 유물도 있습니다. 그가 처음 선사유적을 채집한 곳은 1923년 1월 11일 구정동(구의동-이곳이 정확하게 어디인지 명시되질 않는데 대략 건국고등학교 주변, 구의정수장 언덕으로 보입니다.)으로 기록되어 있으며, 1925년 을축년에 대홍수로 한강대교가 무너지고, 남대문까지 한강

1)
마을에 9개의 우물이 있어 마을 이름이 유래되었다. 『서울지명사전』, 서울시사편찬위원회, 2010, 84쪽.

2)
일제강점기 자료조사 보고서4 [한강유역 선사유물] -橫山將三郎 채집자료- 국립중앙박물관, 2010.

요코야마 쇼사부로(橫山將三郞)가 구의동, 광장동에서 채집한 석기

선사시대 생활상을 복원한 사진

물로 침수되었을 때 지표가 쓸려나간 암사동, 풍납토성 등지에서 선사유물을 여러 대의 차로 실어 날랐을 정도로 많은 양의 유물을 채집했다고 합니다. 1935년 3월 광장리, 1935년 11월 광장리 등을 답사한 기록이 보이며 해방 후 단신으로 귀국할 때 가져간 것으로 보이는 몇몇 귀중한 유물을 제외하고 그가 거주하던 집에서 수많은 선사유물들을 중앙박물관으로 옮겼다고 합니다.

우리나라 최초로 발견된 부산 영도의 동삼동 패총(조개무지)과 함경도 패총에도 관여했다고 합니다.

그러면 그가 발견 채집한 광진구 선사유물들을 보시죠.

광장리 유물입니다. 장로회신학대학교와 동의초등학교, 구의정수장 사이에서 채집했다고 보여집니다.

발견 장소는 140미터 산정(山頂)으로 표기되어 있습니다. 대부분 신석기 시대의 간석기 유물이거나 청동기 유물이구요. 타격 흔적으로 보아 사용량이 많은 토기와 석기입니다.

결론적으로 광진 지역은 예전부터 강을 끼고 구릉지와 평야

가 적당히 분포되어 고대부터 사람이 살기에 적당한 곳이었습
니다. 지금도 어린이대공원 언덕이나, 광장동 언덕 비탈진 곳,
아차산의 능선 어딘가에는 고대 사람들이 쓰던 유물들이 잠자
고 있을 겁니다.

03   한반도의 불교는 광진에서

기원후 4세기부터 7세기에 동아시아의 정세는 혼란과 전쟁의 세기로 점철됩니다. 중국은 한나라가 멸망(220년)하고 『삼국지』로 표현되는 혼란기를 거쳐 사마(司馬) 씨에 의한 진(晉)의 짧은 통일(265~317), 그리고 흔히 다섯 민족의 오랑캐(오호五胡)가 16개의 나라를 중국에 세우는 전쟁의 시기(315~439)와 남북국시대(386~589)였죠. 서양도 마찬가지로 비슷한 시기에 1000년 제국 로마가 내부의 부패와 북방의 게르만, 훈족 등의 압박에 멸망하구요. 중국 고대 설화를 본 딴 영화 뮬란이 당시 중국 여성도 전쟁에 참여할 정도의 시절이었다는 걸 보여줍니다. 이를 중세의 시작이라 세계사에서는 부릅니다. 중세는 암흑의 시대라 부르면서 종교의 시대라고도 합니다. 동양은 한나라의 유교적 질서가 혼돈에 빠지면서 북방 유목민족들을 통해 인도에서 들어온 불교가 급속도로 퍼져 나가게 됩니다. 구마라습, 달마, 현장법사가 활동한 시기이구요.

　한반도에서도 고구려(372년), 백제(384년), 그리고 당시 고구려의 속국이었던 신라는 조금 늦게 불교를 받아들입니다.

금동불좌상(金銅佛坐像). 십육국시기(十六國時期, 304~439) 높이 7.9Cm 산동성 보싱현(博興縣) 룡화사지(龍華寺址) 출토 산동성 보싱현박물관 소장

금동불좌상(金銅佛坐像). 5세기 전반 높이 4.9Cm, 서울 뚝섬 출토.

뚝섬 금동여래좌상

불상을 볼까요.

사자상에 앉아서 세상 풍파를 잊은 선정(禪定)에 빠진 부처. 이번 세상은 어려워도 환생하여 새로운 세상에서 행복할 수 있다는 구원 등이 혼돈의 세상에서 환영을 받았다고 여겨집니다.

왼쪽 상단은 중국의 금동불상입니다. 왼쪽 하단은 우리나라에서 발견된 가장 오래된 불상이구요. 대략 400년 전후의 유물로 추정됩니다. 연대는 중국이 50~100년이 앞서지요. 광진구에 법원(동부지원)이 있었습니다. 그리고 잠실대교 북단 광양중·고등학교 자리에 1977년까지 성동구치소(현재 동부구치소)가 있었습니다.

1959년 지금 뚝섬역 부근 한강변으로 구치소 재소자들이 노역 작업을 갔다가 땅 속에서 주운 불상이 오른쪽 뚝섬 출토 금동불입니다.3

네 마리 사자를 깔고 눈을 감고 참선하고 있는 부처상.

한반도 최초의 불상입니다. 이후 새로운 불상이나 불교의 흔적은 120년이 지나도록 고구려의 벽화 말고는 보이질 않습니다. 혹자는 중국산이다, 고구려 제작이다, 백제 제작이다, 라는 여러 주장들이 있지만 저는 백제가 중국에서 수입했거나 자체 제작한 것으로 보고 싶습니다. 350년 전후는 백제 근초고왕을 비롯해서 시기는 한성 백제가 삼국 중 가장 강할 때였고 기록에 의하면 당시 백제가 요서지역과 산동반도에 정치

3)
관련 자료로는 소현숙, 「백제와 중국의 불교 교류」(7~10쪽), 강희정, 「백제와 중국의 불교 토론문」(90~91쪽), 『백제의 불교 수용과 전파』(2022년 제20회 쟁점 백제사 학술회의), 한성백제박물관 백제학연구소, 2022.4.29 가 있습니다.

청자 계수호

5세기 전반 백제의 청자 닭머리 주둥 신라토기. 고구려, 백제와는 확연한
이 그릇 차이를 보인다. 이 정도의 토기는 백
제에서는 무수히 많다.

적, 경제적 근거지가 있었다는 주장이 최근에 많이 대두되고
요. 왼쪽 불상 또한 산동반도 지역에서 출토된 불상입니다.

왼쪽이 뚝섬 출토 불상이 있던 비슷한 시기의 백제 유물이
구요. 불에 두 번 구운 자기입니다. 오른쪽은 신라 유물입니다.
토기입니다. 고구려나 백제도 마찬가지로 백제와 비교하면 그
시기에는 문화역량 차이가 확실히 드러납니다. 저만한 자기
제품은 백제지역에서 압도적으로 많이 나옵니다.

뚝섬 불상은 5센티미터 정도라 휴대용으로 보이구요. 한반
도 지역에서 절 건축물이 나오기 전까지는 가장 오래된 불교
관련 유물입니다.

한반도의 불교의 시작은 광진에서 비롯되지 않았을까요?

용산 국립중앙박물관에는 광진구에서 발견된 유물이 두 점
있습니다. 위에 있는 뚝섬 출토 불상과 다음에 쓸 자양동 언덕
태봉 고구려 유물입니다.

서울, 광진 천년을 살다

잊혀진 중곡동 백제고분군

1910년 우리나라를 식민지로 삼은 일본은 '토지조사사업', '회사령', '광업령' 등을 발표하여 우리나라의 자원을 낱낱이 조사하게 됩니다. 이와 함께 1909년부터 일본은 우리나라의 문화재를 조사하고 사진으로 남기는 작업을 20년에 걸쳐 하고 『조선고적도보』라는 책을 발간하는데 지금도 영인본으로 복간하면 비싼 값에도 금세 매진되곤 합니다.

1918년(대정 7)에 용마산에서 바라본 광진

광진구의 일제 기록을 당시는 독도(뚝도)면이었던 면 단위 조사보고서를 최근에 찾았습니다. 조선총독부에서 위촉한 고적조사위원들은 1918년(대정 7) 9월 29일부터 10월 1일까지 광진구 일대(중랑천 동부에서 아차산까지 당시 독도면 지역)를 현장 답사하고 마장지역과 아차산성, 중곡동 백제 고분을 조사, 발굴, 사진촬영을 합니다.

중곡동 고분군

1918년 10월 1일 용마산 남쪽능선에서 한강 쪽으로 촬영한 사진입니다. 자세히 들여다보면 맨 가운데 2개의 볼록한 작은 언덕이 보이실 겁니다. 두 개의 중곡동 백제고분-갑호분, 을호분입니다. 1996년, 2016년 『광진구지(廣津區誌)』에서도 기록만 나와 있지 위치도 유적도 잘 모른다던 그 백제고분이죠. 대략 지금의 중곡동 신성시장에서 중곡동교회 부근으로 보입니다.

일본인들은 사흘에 걸쳐 두 개의 무덤을 발굴하고 몇 개의 토기들을 수습한 후에 떠나버리고 지금 두 개의 고분은 흔적도 없이 사라집니다. 하지만 1916년에서 1918년 사이에 일본인들이 조사한 바로는 긴고랑에서 아차산역, 군자역에 이르는 구릉지에 최소한 2백 기(基) 이상의 고분 위치가 그려져 있습니다.

이왕 나온 김에 백제고분 공부를 해봅시다.

백제고분은 초기에 집권세력에서 온 고구려와 비슷한 형태

서울, 광진 천년을 살다

중곡리 갑호분

중곡리 갑호분 내부 모습

중곡리 을호분

중곡리 을호분 내부 모습

석촌동 돌무지 무덤

의 돌무지무덤(적석총)이 있습니다. 주로 석촌동에서 발견되고 기원 전후에서 4세기 후반 대까지 이 형태의 무덤들이 보이지요. 마치 피라미드 같이 보이구요 고구려의 장군총처럼도 보입니다. 물론 당시 한반도(마한) 내 고유 형태인 항아리 무덤이나 돌관 무덤도 같이 쓰이긴 했어요.

그 후 북방이나 중국의 영향으로 관을 수직으로 넣는 게 아니라 돌로 무덤방을 만들고 가로로 안장하는 방식인 굴식 돌방무덤(횡혈식 석실분)이 고구려와 백제에서 등장하는데 중곡동 무덤은 초기 무덤이며 4세기 중·후반에서 시작되어 이후 삼국시대, 고려 시대 귀족들의 무덤형식이 됩니다. 이 무덤 형태는 방이동, 하남시, 판교, 수원 등지에서 그리고 백제 웅진, 사비 시대까지 발견되고 있습니다.

그리고 이런 무덤 형태는 기술이 고도화 되면서 무덤 석실 안을 평평하게 만들고 석회를 바른 후 그림을 그리는 무덤벽

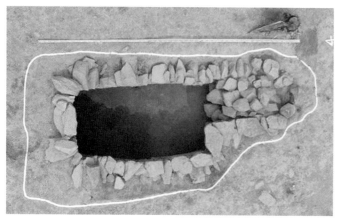

하남강일공공주택지구조성사업부지에서 4세기 조선 중반~5세기 후반에 제작된 것으로 추정되는 굴식 돌방무덤 50기 / 사진은 석실분 모습 /

화 형태와 나아가 중국 남조의 영향을 받은 벽돌방 무덤(횡혈식 전축분)까지 발전합니다. 하지만 무덤 안 공간이 그대로 유지되어서 대부분의 껴묻거리(부장품)들은 도굴이 된 상태로 발견되기 일쑤입니다. 중곡동 고분에서도 몇 개의 토기와 인골 조각만 나왔다고 합니다. 무령왕릉의 온전한 출토는 대단히 운 좋은 경우이지요.

그런데 중곡동 지역은 1910년 일제에 의해 국권침탈이 되기 전까지 조선 시대 내내 목장지였습니다. 사람들이 거의 살지 않는 곳이었습니다. 아차산에서 구의 2동, 중곡 4동, 중곡 2동, 능동의 언덕에는 수백 기(基)의 중곡동 고분과 같은 형태의 무덤이 있었다고 일본인들은 기록하고 있습니다.

서울, 광진 천년을 살다

무령왕릉 내부

1918년(대정 7)에 일본인이 보고한 중곡동 백제고분군 배치도

당시의 일본인들도 그들의 조상과 문화적 유산의 대부분이 백제에서 왔다고 인지하고 있어서 백제의 흔적은 매우 철저하게 조사한 듯합니다. 중곡동 주변의 백제고분들을 이렇게 자세하게 조사했으니까요. 중곡동 백제 고분은 4세기 중반 한반도의 최강자로 일신한 백제 근초고왕(近肖古王, 346~375) 시기 중국에까지 영향력을 미치던 백제가 중국의 무덤 형태를 가져와 만들었던 최초에 가까운 굴식 돌방무덤 형태가 아닌가 합니다. 전쟁에 휩싸인 중국을 떠났던 중국인이나 친중국계인 낙랑계 사람들이 백제로 이주해서 그들의 문화를 전수하지 않았나 싶습니다.

지금은 사라져서 흔적도 찾기 힘든 유적이지만 고구려보다는 백제가 더 오래 광진 지역에 있었다는 증거이구요. 그러나 1960년대 후반부터 70년대 초까지 중곡동을 주택지로 개발하면서 수백 기의 중곡동 고분들은 하나도 남김없이 깡그리 없어집니다. 나중에 위치를 고증하거나 하나라도 복원해서 자그

서울, 광진 천년을 살다

마한 표석이라도 남기고 싶은 게 저의 바람입니다. 처음에 말씀드렸던 1918년 가을 광진의 모습을 쓴 일본인의 기록은 책 뒤에 번역했으니 보시기 바랍니다.

아차산성 아니 광진구의 성들

아차산 일대의 성들

이번에는 광진구에 존재했던 성곽에 대한 이야기를 해볼까 합니다. 문헌을 참고한 것이어서 고고학적 발굴로 입증된 것과는 거리가 있긴 합니다. 지도부터 보겠습니다. 지금은 주택들이

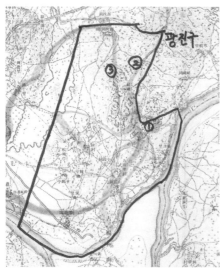

많아 구별이 어려워서 1912년 일본 총독부가 만든 5만분의 1 지도로 분석해 보겠습니다.

거기다 제가 표시를 해봤습니다. 까만 테두리가 대략 지금 광진구 경계입니다. 녹색선은 아차산에서 흘러내려가는 하천 이구요.(구의천, 중곡천)

4)
일제강점기 자료조사 보고서4 [한강유역 선사유물] -橫山將三郞 채집자료- 국립중앙박물관, 2010.

광진구의 성들은 옛 문헌을 보면 아차산성(阿旦山城)은 아단성(阿旦城)·아차성(阿旦城, 峨嵯城)·양진성(楊津城)·광진성(廣津城) 등으로 불리었습니다.4 조선 후기 김정호(金正浩, 1804~1866?)의 〈대동지지〉에 아차산에는 양진성과 아차산 고성이라는 두 개의 성곽이 있다고 기록되어 있고요.

『증보문헌비고(增補文獻備考)』에는 양진고성(광진성)은 평고성(坪古城: 풍납토성風納土城)과 강을 사이에 두고 서로 대치하여 삼국 시대 군부대 주둔지라고 되었습니다.

위 1번 주황색 둘레 부분이 우리가 보는 아차산성입니다. 그런데 궁금한 것이 있었습니다.

아차산성에서 강 건너 풍납토성이 잘 보이긴 하지만 강에서 조금 떨어져 있습니다. 풍납토성은 바짝 한강에 붙어있는데요. 그래서 위의 지도 아차산성 아래 평지 부분에 테두리를 하나 더 만들어 봤는데요. 워커힐 호텔, 장로회신학대학교, 워커힐 아파트 부근입니다. 이런 생각을 해보았습니다. 아차산성이 외성(外城)과 내성(內城)의 이중성(二重城)으로 있었지 않았을까, 합니다. 이 추론의 근거는 고구려 이후 형태를 변하지 않고 간직

4) 나각순, 『서울의 산』, 서울시사편찬위원회, 1997, 271쪽.

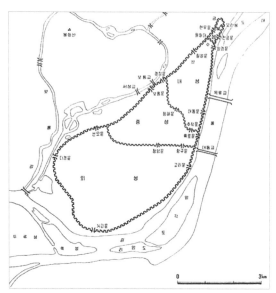

장안성 평면도: 장안성은 북성·내성·중성·외성으로 구성된
복합식 성곽이며, 대동강과 보통강을 자연 해자로 이용하는
평산성이다.

하고 있는 평양성입니다.

평양성은 삼면은 대동강, 보통강이 둘러싸고 북동쪽이 산지
로 이루어져 있어서 내성에 왕궁이 서남쪽 바깥 평지에 외성
으로 둘러싸인 구조입니다. 고려 왕성인 개경 반월성(半月城)도
비슷한 구조입니다. 아차산에 양진성과 아차산고성이 있었다
면 이런 추정이 가능합니다.

다만, 1960년대 초 미군의 위락시설로 정부의 주도 아래 워
커힐을 건설하면서 거의 모든 유물이 파괴된 상태인데다가 워
커힐 호텔을 아차산성과 함께 SK에 정부가 팔아버린 관계로

조사가 쉽진 않겠지만 양진성과 아차산 고성의 위치에 대한 연구가 필요할 듯합니다. 고려 시대부터 조선 초기까지 서울을 아우르던 양주의 관아도 광장동 일대에 있었습니다. 아마 광장초등학교와 광장중학교 일대로 추정됩니다. 근처에서 고려 시대 건물도 발굴된 기록도 있고요. 초등학교 뒤에서는 많은 기와 파편과 함께 분청사기도 보입니다.

2번으로 지도에 표시된 부분도 성벽의 흔적들입니다. 의정부 소요산에서 시작되어 서울과 경기도의 능선을 따라 수많은 보루들이 발굴되었고 지금도 발굴중인데요. 최남단은 잠실대교 북단 성동초등학교 부근에 있었던 구의동 보루에서 구의정 수장이 있는 옛 산의동(山宜洞)을 거쳐 홍련봉, 아차산, 용마봉으로 이어지는 능선에 아직도 흔적들이 남아있지요. 아차산성에는 주로 신라 유물이, 여러 보루에서는 고구려 유물과 백제 유물이 섞여서 발견되고 있습니다.

어떤 학자들은 능선을 이어 장성처럼 유지하면서 척후(斥候: 적의 형편·지형 등을 정찰·탐색하는 일)를 보았던 천리장성 형식으로 추측하기도 하며 조선 시대에는 말목장의 우측 경계를 나타내는 역할을 했습니다. 신라의 노래라고 하는 '장한성가(長漢城歌)'가 아차산성을 증축하며 불렀다고 추정하기도 하구요.5

5)
장한성이 고구려에 점거되었는데, 신라 사람들이 군사를 일으켜 그 성을 회복하고 이 노래를 지어 그 공(功)을 기념했다고 한다. 장한성은 신라의 국경 한산 북쪽 한강 위에 있었다. 신라에서는 중진을 설치하였는데, 후에 고구려에 점거되었다. 신라인이 거병하여 이 성을 회복하니, 이 노래를 지어 그 공을 기념하였다(長漢城 長漢城 在新羅界 漢山北 漢江上 新羅置重鎭 後爲高句麗所據 羅人擧兵復之 此故以紀其功焉〈고려사 권제71, 45장 앞쪽, 지 25 악 2〉).(인문정보학Wiki)

1918년(대정 7) 10월경 아차산 능선

1916년(대정 7) 중곡동의 마장과 면목동 경계에 있었던 토성 경계

어린이대공원 동쪽 편에 있는 토성 추정지

목마장의 목책과 토성

1번의 붉은색과 파란색으로 표시해서 2번과 만나는 큰 구역입니다. 이곳이 조선 시대 마장이 있었던 추정 위치입니다. 북으로는 면목동, 중랑천을 지나 답십리 마장동에서 남으로 한양대학교 언덕, 성수동, 송정동, 화양동, 자양동까지이고요. 주로 목책이나 흙을 쌓아 말들을 가둬 놓았다고 합니다.

한양대학교 백남학술정보관 오른쪽 화단에는 말의 조상에 제사를 지내던 마조단(馬祖壇) 터도 있습니다. 어린이대공원 동쪽과 건국중학교 뒤편에도 조선 시대 마장경계로 추정되는 토성 언덕이 있습니다.

광진구에서 역사적으로 두드러지는 유적은 고대의 군사유적입니다.

실제로 우리 역사에서 광진 부근의 전투기록은 400년 전후의 광개토대왕에서 550년 전후 신라 진흥왕, 백제 성왕 대까지 150여 년간 한강 각축전, 600년 전후에서 676년까지 고구려와 신라의 전투들, 나당 전쟁 시의 전투, 1010년경 거란 2차 침입 시 노원전투, 1200년대 전반기의 몽골침입, 1593년 3월 임진왜란 때 노원전투, 1908년 의병 한양진격, 1950년 9월 25일 화양리 전투 등이 있습니다.

이렇게 보면 고대 삼국 시대 외에는 다른 곳에 비해 격심하지는 않았지만 광진에 이런 성곽들 있었다는 사실을 후손들이 기억해야 하지 않을까요?

워커힐 호텔 부근에 임진왜란 당시 거제 칠천량해전(漆川梁海戰)6에서 전사하셨던 전라우도 수군절도사 이억기(李億祺, 1561~1597) 장군의 의관묘(衣冠墓: 시체를 찾지 못해 의복만 넣어 만든 무덤)가 있었습니다. 후손들이 잘 모시지 못해서 일어난 일이겠지만 당시 전사한 수군절도사 3인(원균元均, 최호崔湖, 이억기李億祺 장군) 중 두 분의 무덤은 온전한데 이억기 장군의 무덤만 미군들의 위락시설을 만들기 위해 파괴된 안타까움이 저만의 것일까요?

심지어 평택에서는 원균(元均, 1540~1597)의 무덤을 성역화하자는 움직임도 있습니다.

6)
칠천량 해전(漆川梁海戰) 또는 칠천 해전은 1597년(선조 30) 8월 27일 칠천도 부근에서 벌어진 해전이다. 이 전투에서 삼도수군통제사 원균 등이 도주 중 전사한다. 칠천량 해전의 패배로 조선수군은 대부분 궤멸되고 전라도가 뚫리는 결과를 맞는다. 이 전투는 한국사 5대 패전(주필산 전투, 용인전투, 쌍령전투, 현리 전투) 중 하나이다(위키백과).

서울, 광진 천년을 살다

구의동 고구려,
태봉 유적지를 아십니까?

1977년 여름 저는 자양동 능골이라는 곳에서 자랐습니다.

잠실대교 북단에 동서울터미널로 넘어가는 언덕을 예전에는 능골이라고 불렀지요. 50여 미터 정도 되는 야트막한 언덕은 사람이 살기에는 약간 가팔라서 그 언덕 아래에 마을을 이루고 있었습니다. 자양동에 오래 사셨던 분들이나 일제 강점기 지도를 보면 밤댕이(율동栗洞)로 기억하기도 하지요. 1970년대 중반 막 구의동 광장동의 강변 배후습지가 아파트로 변모해가던 그 무렵 연탄재라도 매립해야 할 상황에 그 언덕은 매립용 토석을 파내기 안성맞춤이었던 거지요. 그런데 산을 파보니 돌로 둥그렇게 쌓은 흔적과 함께 그 안에서는 아궁이와 돌솥 토기 화살 등 철제 유물들이 몇 천 점이나 쏟아져 나왔습니다.

1977년 7월부터 9월까지 서울대학교에서 발굴한 유물은 수량으로는 어마어마했습니다. 당시 학자들은 2천여 점에 달하는 화살촉과 창과 같은 무기와 토기 등 대량의 철제 유물이 나

구의동 보루 전경

왔음에도 백제의 무덤 유적이라고 판명을 내리고 급하게 유물들을 수습한 후 (지금 대부분 서울대학교박물관에 있습니다.) 그 언덕 윗부분의 돌과 자갈은 무참하게 파괴하여 지금 동서울터미널 주변의 저지대 아파트를 메우는 석재로 실려 나가고 당시의 정부는 그곳에 성동초등학교, 한양아파트 등을 건설합니다. 이후 1997년에 되어서야 후대 학자들에 의해 그곳이 남한에서 발견된 최초의 고구려 군사유적지라고 재해석되었지만요.

396년 한강 북쪽에서 백제군을 밀어낸 광개토대왕(廣開土大王, 374~412, 재위: 391~412)의 고구려 군은 한강 건너편에 있던 풍납동 주변의 위례성을 감시해야 했습니다. 그래서 고구려의 광개토대왕과 장수왕(長壽王, 394~491 재위: 412~491)은 구리시 토성리 일대 산성, 아차산 주변, 구의동 등 구릉지에 일종의 군사초소를 짓고 백제와 대치하게 됩니다. 이후 60여 년이 지난 475년 고구려 장수왕은 백제의 수도였던 풍납동의 위례성을

서울, 광진 천년을 살다

구의동 보루 투시 복원도

구의동 보루에서 발굴된 솥과 아궁이

이제는 사라진 구의동 고구려 보루에서
출토된 유물들

함락하여 백제 개로왕(蓋鹵王, 415~475 재위: 455~475)의 목을 치고 남한강 일대인 소백산맥을 경계로 하는 중부지방의 영토를 획득하게 되지요. 이후 551년경 백제 성왕(聖王, ?~554, 재위: 523~554)과 신라 진흥왕(眞興王, 534~576 재위: 540~576) 대에 이르러 이들의 공격으로 급하게 후퇴하게 된 고구려 군이 남긴 유적이 사진에서 보는 구의동 태봉유적입니다.

태봉(胎封) 유적이라고 이름붙인 이유는 왕의 자손들이 태어날 때 그 탯줄을 묻는 무덤을 만드는데 이곳에 태를 묻었다고 일본인들이 기록을 해놓아서 태봉 유적이라 하는데 그 무덤의 흔적은 불분명합니다. 명칭도 화양동 구의동 유적이라 불리지만 실제로는 자양 2동에 소재하고 있는 유적입니다.

지금이야 아차산에서 여러 고구려 유적들이 발견되어 보존이니 뭐니 하고 있지만 고구려 유적이 가장 풍부하게 발견된 곳은 지금은 아파트가 되어버린 잠실대교 북단 바로 이곳입니다. 구의역 남단 법원(동부지원)을 옮기고 짓고 있는 언덕의 표면에서도 삼국 시대 토기들이 발견되고 있어서 만약 이전 예정인 이 지역에 있는 군부대를 조사해보면 삼국 시대 유물이 발견될 가능성이 많습니다. 광진구 지역이 삼국 시대 당시 세 나라의 성쇠를 지켜보던 역사의 장소였던 것입니다. 지금도 서울대학교 박물관이나 용산 국립중앙박물관에 가시면 이곳에서 발굴된 유물들을 보실 수 있습니다.

광진구 지명 이야기

광진구에 살면서 광진 지명유래는 상식적으로 알아야 할 것 같아서 이번에는 광진 지명을 고찰해 보도록 할게요.

광진 지역의 지명은 삼국 시대 이전 자양동, 구의동이나 광장동에서 신석기, 청동기 유물이 수습되기는 했지만 역사상 특별한 지명으로 나타나는 기록은 보이지 않습니다. 진국(辰國)이나 마한(馬韓)에 속했던 지역 정도로만 추측되고 있습니다. 이후 백제가 마한의 강자로 풍납동 지역을 주축으로 삼국의 한 나라가 되면서 위례성 인근 지역으로 광진 지역을 아우를 때 근초고왕 시기 강북 위례성(慰禮城)에 대한 언급은 있는데 위치는 정확하지 않습니다. 고구려 광개토대왕의 공격으로 고구려 땅이 되면서 아차산이 아단산(阿旦山, 396년 광개토왕릉비에 보임)으로 최초의 광진구에 있는 지명이 나타나고 광진구는 북한산군(北漢山郡)이라는 행정구역으로 불리게 됩니다. 이후 551년경 백제 성왕과 신라 진흥왕의 연합군에 의해, 나중에 백제를 압도하며 광진을 비롯한 한강 이북을 점령한 신라가 신주(新州)로 부르다가 통일신라대까지 북한산주, 남천주(南川州), 한

1750년 제작된 〈해동지도〉에 보이는 광진 지역

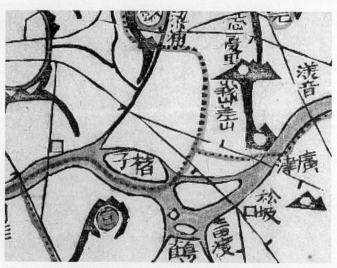

1861년 김정호가 제작한 〈대동여지도〉에 보이는 광진 지역

산주(漢山州), 한주, 한양군 등의 이름으로 바뀌어 불립니다.

936년에 이르러 고려 태조 왕건(王建, 877~943 재위: 918~943)이 귀순한 후백제 견훤(甄萱, 867~936 재위: 892~935) 왕에게 지금의 서울 지역을 봉지(封地)로 내리면서 양주(楊州)라는 이름이 등장하지요. 고려 시대에는 지금의 서울, 고양시, 의정부시, 구리시, 남양주시를 아울러 한강 이북지역을 통틀어 양주라고 대개 불리었던 것 같습니다. 가끔 견주, 좌신책군이나 한성, 남경, 한양부로도 불리긴 했지만요.

당나라 제도인 도(道)라는 지방제도를 차용하면서 우리나라와 일본만 아직도 사용하는 도라는 지명에서 양광도(楊廣道)라는 지명이 나오는데요. 이는 한강 이북의 양주(楊州)와 한강 이남의 광주(廣州)를 합해서 부르는 이름입니다(전라도-전주·나주, 경상도-경주·상주하는 식이죠).

조선이 들어서면서 1395년(태조 4) 수도가 개성(개경)에서 양주(지금의 서울)로 이전하게 되면서 양주는 한양(서울)을 빙 둘러싸는 지역의 통칭이 되지요. 특히 광진 지역은 지금의 광진교 부근의 광진 나루터가 영남 지역으로 가는 교통의 중심지였기에 일시적으로 양주를 다스리는 관리가 머무르는 치소(治所)도 있어서 광진구는 경기도 고양주면이라는 지명으로 조선 시대 내내 유지됩니다.

옛 지도를 보면 광진은 조선 후기에 들어서면서 말을 키우던 마장(馬場) 지역과 광장동의 나루 지역으로 지금의 영화사에서 내려와 구의사거리를 거쳐 자양한강도서관까지 이르는

1959년 건국대학교 일감호 인근의 전경

개울(구의천)을 기준으로 동서로 지역이 나뉘었던 것 같습니다.

또 재미있는 것은 지금의 석촌호수 쪽이 한강의 본류여서 롯데월드 석촌동과 신천 지역까지가 양주에 속해 있었습니다. 그러니까 지금 우리가 보는 한강은 홍수 때에나 범람하는 얕은 강이었고 지도에서 보듯이 잠실 남쪽의 강이 훨씬 깊었다는 거지요.

지금도 주장하시는 분들이 계시는데 양주 나루터이면 양진(楊津)이고 광주의 나루터이면 광진(廣津)이 맞을까요? 아니면 광주에 있어서 양주로 향하는 나루터여서 양진, 양주에 있어도 광주로 향하는 나루터면 광진.

어떤 것이 맞을지는 1949년 서울로 편입되고, 1971년 성동구를 거쳐 1995년 광진구가 되게 한 공무원들만 알겠죠. 저는

지금도 저희 집 번지만 알지 신주소의 무슨 로(路) 무슨 길은
외우지 못했습니다.

화양동 느티나무 이야기

화양동에는 서울특별시 기념물 2호로 나이는 약 700년 정도 된 느티나무 두 그루(?)가 있습니다.

화양동을 비롯해서 동대문의 마장동, 자양동에 이르는 지역은 조선 시대 사복시(司僕寺)라는 관청이 주관하는 최대 1만 마리의 군대용 말들을 방목하던 방목장이었습니다. 조선 초기는 군대 편제 상 중앙군들은 몽골의 영향을 받아서 경기병을 주력으로 했기 때문에 많은 말들이 필요했지요. 더욱이 살곶이(箭串) 마장은 왕실용 말이나, 정부에서 쓰거나 중국에 조공용(朝貢用)으로 바치기 좋은 혈통 좋은 말들을 많이 키웠습니다.

이 근처에서는 지금의 한양대 언덕, 응봉 언덕과 자양동 잠실대교 근처 태봉, 낙천정(樂天亭)과 화양동 느티나무 근처가 가장 높은 지형을 이루고 있어 한양대 언덕에는 말을 제사지내는 마조단(馬祖壇)이라는 제사 터가 있었고 자양동 낙천정은 태종 이방원(太宗 李芳遠, 1367~1422 재위: 1400~1418)이 왕에서 퇴위 후(1419년)에 지었고 화양동에는 1435년(세종 18)에 화양정(華陽亭: 회행정回行亭이라고도 함)이라는 왕이나 집권자들의 휴식

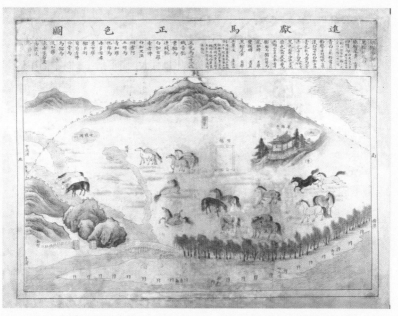

1663년(현종 4)에 제작된 〈진헌마정색도〉 보물 제1595호로 지정되어 있다.

을 위한 누각이 세워지는데 이때 느티나무도 심어진 것이 아닌가, 추정합니다. 그러니까 세종대왕이 기념식수(植樹)한 나무라고 보아도 무방합니다.

화양이라는 뜻은 중국 주나라 무왕이 주나라를 건국하고 상(商, 은殷)나라를 멸망시킨 후에 중국 '화산의 남쪽 즉, 화양에서 말을 돌려보낸다'라는 '귀마우화산지양(歸馬于華山之陽)'은 오랜 전쟁을 끝내고 평화를 기원한다는 의미도 있답니다. 한자 양(陽)의 의미는 산의 남쪽, 강의 북쪽을 일컫는데요. 한양은 한강의 북쪽이라는 뜻도 이와 같습니다.

화양동 느티나무는 7백여 년 동안 단종(端宗, 1441~1457 재위: 1452~1455)이 작은아버지 세조(世祖, 1417~1468 재위: 1455~1468)에게 영월로 쫓겨날 때, 연산군(燕山君, 1476~1506 재위: 1495~1506)이 이곳에서 사냥을 하면서 조선 전기의 전성기를 허비하고, 임진년에 일본군의 한양 공격, 1636년 병자년의 인조의 남한산성 피신, 1760년대 영조(英祖), 정조(正祖)의 능행길, 1882년 임오군란으로 피난 가던 명성황후의 모습, 1908년 의병들의 한양 진격, 1911년 화양정이 벼락으로 불에 타 무너지는 모습도 묵묵히 지켜보았을 겁니다.

자신의 자식 격인 3백 년이 넘는 여섯 그루의 나무와 함께요. 지금은 화양동 주민들이 가을이면 느티나무 축제를 하면서 마을의 안녕을 기원하는 곳이고요. 저녁이나 주말에는 동네 주민들이 일상의 휴식을 하기 위해 집에서 키우고 있는 강아지들과 산책을 하는 공간이기도 합니다. 어린이대공원 전철

1800년 전후에 제작된 〈동대문외마장원전도〉에 보이는 화양정

역에서 내려서 5분만 걷다보면 아주 오랜 느티나무가 그의 자식나무들과 바람에 흔들리면서 노래를 부르는 모습을 보실 수 있습니다.

앞에서 7백 년 느티나무가 두 그루가 있다고 했지요. 하나는 화양동 주민센터 옆 느티공원의 느티나무인데요. 이 나무는 엄밀히 따지면 보호수가 아닙니다. 화양정 터를 기념해서 보호하는 거구요. 느티공원에서 서쪽 시인 모윤숙(毛允淑, 1910~1990) 씨 집터에 있는 연립주택으로 올라가는 언덕에 느티나무

08. 화양동 느티나무 이야기   55

느티공원에 있는 느티나무

주민센터 남서쪽에 있는 느티나무
(보호수)

가 있는데요. 이 나무가 보호수입니다. 화양동 주민센터 남쪽
주차장은 1960년대까지 고종(高宗, 1852~1919 재위: 1863~1907)
의 부인이자 의친왕(義親王=이강李堈, 1877~1955) 어머니인 귀인
(貴人) 장(張) 씨의 무덤이 있었고 주차장 서쪽의 연립은 시인
모윤숙의 집터입니다. 그 남쪽 아래에 살곶이 마장을 관리하
던 관청인 마장원(馬場院)이 있었고요.

서울, 광진 천년을 살다

조선 시대 한양에 살던 사람들은 한강을 광진에서 동호대교까지를 동호(東湖), 동호대교에서 한강대교 부근까지를 남호(南湖) 또는 용산강(龍山江), 한강대교에서 방화대교까지를 서호(西湖)라고 불렀다고 합니다.

율곡 이이(栗谷 李珥, 1536~1584) 선생의 저술 중 『동호문답(東湖問答)』이란 책이 있는데요, 당시 왕이었던 선조(宣祖, 1552~1608 재위: 1567~1608)가 유급휴가를 주었을 때 사가독서(賜暇讀書)를 마치고 휴가보고서를 동호 근방 그러니까 응봉정(鷹峰亭)이나 압구정(鴨鷗亭)쯤에서 쓴 책이라서 『동호문답』이라 했답니다. 이 한강의 정자들 중에서 가장 오래된 정자가 잠실대교 북단 자양 2동 현대 3차 아파트에 있는 낙천정(樂天亭)입니다.

1418년(태종 18) 왕위를 셋째아들 세종에게 물려주고 상왕이 된 태종이 마장 너머 지금의 자양한강도서관 개울 건너편 떡시루 모양의 언덕(대산臺山)에7 정자와 이궁(離宮: 임금이 거둥할 때 머물던 별궁)을 지었던 것이 낙천정(樂天亭)이고 주변에 거처를

7)
시루를 엎어 놓은 모양과 비슷하다고 하여 시리미[甑山] 또는 대산(臺山)이라 부르던 언덕이며, 후에 발산(鉢山)이라고도 하였다. 이 산은 표고 42.8미터에 불과하지만 주위에 다른 높은 산이 없어 언덕에서 바라보면 한강이 발 아래로 감돌아 흘러 경치가 아름답다(이상배, 「상왕 태종의 별장」, 『서울의 누정』(내고향 서울8), 서울특별시 시사편찬위원회, 2012, 248쪽).

낙천정 – 복원되었다고 하지만(?)

정해 자주 들렀던 곳입니다. 낙천정의 뜻은 『열자(列子)』「역
명편(力命篇)」에서 "천명을 알아 즐기니 근심하지 않는다(樂天
知命 故不憂)"에서 좌의정 박은(朴誾, 1479~1504)이 따온 것이라고
합니다.

　이듬해 1419년(세종 1) 봄 일본 왜구가 중국으로 약탈을 간
빈 틈을 타서 1만 5천 명에 가까운 병력으로 이종무(李從茂,
1360~1425)를 대장으로 대마도를 공격하게 됩니다. 이 작전을
수립하였고 가을에 복귀한 병력들을 치하하고 연회를 베푼 곳
이 낙천정이죠. 낙천정에 앉아서 주변을 보면 아차산, 남한산
성, 잠실, 저자도, 남산, 관악산 등의 풍광과 함께 매를 이용한
왕들의 사냥터로 유명했다고 합니다.

　낙천정은 나중에 세종의 셋째이자 둘째딸인 정의공주(貞懿公

　　　　　　　　　　　　　　서울, 광진 천년을 살다

主)에게 상속되었고 성종 때 수리 기록도 보이지만 인조 때 즈음 그러니까 1600년대 초 이후 기록이 없는 것으로 보아 그때쯤 허물어진 것으로 보입니다.

조선 태종, 세종시대 관리였던 춘정 변계량(春亭卞季良, 1369~1430)이 낙천정을 노래한 시가 있습니다.

樂天亭上又淸秋 - 낙천정에 상쾌한 가을이 또 오고
地戴明君佳氣淨 - 훌륭한 임금님 계신 곳에 좋은 기운이
　　　　　　　　떠오르네
疎雨白鷗麻浦曲 - 부슬비 속 갈매기는 마포 어귀를 날고
落霞孤鶩漢山頭 - 지는 노을에 외로운 오리는 한산 위로
　　　　　　　　날아가네
仁風浩蕩草從偃 - 호탕하나 부드러운 바람에 풀들이 휩
　　　　　　　　쓸리고
聖澤瀰慢水共流 - 임금의 은혜를 담은 드넓은 물은 느리
　　　　　　　　게 흘러가고
霄旰餘閒觀物象 - 구름 긴 저녁 한가한 여유에 여러 곳을
　　　　　　　　두루 살펴보니
人間仙境更何求 - 사람 사는 데 선경을 어디서 또 다시
　　　　　　　　구할 수 있으리오

아파트를 지으면서 기부채납의 형식으로 낙천정을 복원하기는 했지만 건물의 모양이나 위치 모두 잘못되어 있는데다가

한강의 정자들의 위치도. 광진 지역에 있는 화양정 터와 낙천정이 보인다.

강변북로로 전망이 막혀 있어서 그곳 아파트 고층보다 못한 풍광이지만 한강변 최초의 정자였다는 의미는 있습니다.

조선 시대에 한강은 한양의 남쪽을 감싸서 흐르면서 경치 좋은 절벽에 정자들이 많은 지배층들의 휴양처로 구리시 쪽을 포함해서 29개 정도가 있었다고 전해집니다. 물론 원래대로 남아 있는 곳은 한 곳도 없고 추정할 만한 곳은 아래 지도 정도이고 그 중 절반 정도만 복원되어 있습니다.

정자가 있던 곳은 절벽으로 이루어진 명승지일 가능성이 크므로 이 근처들을 가시면 한강변을 거닐면서 한번쯤 주위를 둘러보세요.

동국정운과 한글 활자들

지난 2021년 6월 종로구 인사동 탑골공원 서쪽 건너편 건축 재개발 과정에서 항아리에 담긴 조선 전기에 제작된 금속활자 1,600여 점을 비롯해 세종시대 천문시계 등 다양한 금속유물도 무더기 동반 출토됐습니다.[8]

항아리에서는 금속활자와 함께 세종~중종 때 제작된 자동물시계의 주전으로 보이는 동제품들이 잘게 흩어진 상태로 출토됐으며, 활자가 담겼던 항아리 옆에서는 주·야간의 천문시계인 일성정시의(日星定時儀: 낮에는 해시계로 사용되고 밤에는 해를 이용할 수 없는 단점을 보완해 별자리를 이용하여 시간을 가늠한 장치)와 지금의 개인 화약무기(총)인 총통(銃筒)도 발견됐는데 새겨진 명문(銘文)을 통해, 계미(癸未)년 승자총통(1583년)과 만력(萬曆) 무자(戊子)년 소승자총통(1588년)으로 추정됩니다. 장인 희손(希孫), 말동(末叱同) 제작자가 기록되어 있는데, 이 가운데 장인 희손은 현재 보물로 지정된 서울대학교 박물관 소장 '차승자총통(次勝字銃筒)'의 명문에서도 확인되는 이름이며 만력 무자년이 새겨진 승자총통들은 명량 해역에서도 확인된 바 있다고

8)
《동아일보》 2021. 6. 29.

서울 인사동에서 가장 오래된 한글 활자 발견

합니다.

'일성정시의'의 아랫부분에서 여러 점의 작은 파편으로 나누어 출토된 동종은 포탄을 엎어놓은 종형(鐘形)의 형태로, 상단에 '嘉靖十四年乙未四月日(가정십사년을미사월일)'이라는 명문이 새겨져 있어 1535년(중종 30) 4월에 제작됐음을 알 수 있습니다.

현재까지 우리나라 박물관에서 소장하고 있는 가장 이른 조선 금속활자 세조 '을해자(乙亥字)'(1455년, 국립중앙박물관 소장)보다 20년 이른 세종 '갑인자(甲寅字)'(1434년)로 추정되는 활자가 다량 확인된 점은 유례없는 일입니다(한자 금속활자 기준. 한글은 중앙뿐만 아니라 사찰에서도 제작되는 바람에 더 연구가 필요할 겁니다).

기존의 을해자도 현재 전해지는 조선 금속활자 가운데 가장 이른 것으로, 이전까진 국립중앙박물관에 소장된 한글 금속활자는 30여 자가 전부였는데 이번에 조선전기 한글 금속활자가 6백여 점이 출토되었습니다.

매장 시기는 1588년 명나라 만력제(萬曆帝, 1573~1620)의 연호가 있는 총통이 함께 발견된 것으로 보아 아마도 그 이후에 묻혔을 거라고 보구요. 가장 유력한 것이 임진왜란(壬辰倭亂, 1592~1598) 중 일본군이 한양을 점령한 1592년에서 1593년 정도로 수정할 수 있겠습니다. 일본군은 한양 점령 후에 수십만 점의 금속활자를 일본으로 약탈해 가면서 일본의 금속활자 문화가 도약하는 계기가 됩니다.

문제는 양반가나 관청이 있던 자리가 아닌 운종가(雲從街, 종로)의 한복판이다 보니 전란의 상황에서 누군가가 일부러 묻었다고 봐야겠지요. 종로 거리의 집들은 단층이나 2층 정도일 경우 바닥을 파지 않고 오히려 흙을 돋우어 집을 지어서 지금처럼 주차나 전기, 하수 설비 목적의 지하를 팔 경우 조선 시대 유물층이 종종 발견되는 곳이어서 '한국의 폼페이'라 부르는 이도 있습니다.

조사 지역은 현재의 종로 2가 사거리의 북서쪽(탑골공원 서쪽 인사동)으로, 조선 한양도성의 중심부이며, 조선 전기까지는 한성부 중부(中部) 견평방9에 속하고, 주변에 관청인 의금부(義禁府)와 전의감(典醫監)10을 비롯하여 왕실의 궁가인 순화궁(順和

9)
견평방: 조선 전기 한성부 중부 8방의 하나로 궁궐 관련 시설과 상업시설 등이 복합적으로 있는 도성 내 경제문화중심지.

10)
전의감(典醫監): 조선 개국년인 1392년 설치된 의료행정과 의학 교육을 관장하던 관청(지금 탑골공원 부근).

2021년 인사동에서 출토된 1440년경의 한글 활자

11)
순화궁(順和宮): 조선
중종의 딸 순화공주
(順和公主)를 위해 지
어졌다고 하는 궁(종각
역 북쪽 하나로 빌딩,
일제 강점기 이완용이
소유하고 3.1 독립선
언서가 발표된 태화각
이 이곳임).

12)
죽동궁(竹洞宮): 조선
순조의 딸 명온공주
(明溫公主)를 위해 지
어졌다고 하는 궁(종각
역 북쪽 농협 건물 옆
아미가 호텔).

宮),11 죽동궁(竹洞宮)12 등이 근처에 있었고, 남쪽으로는 상업시
설인 시전행랑이 있었던 운종가(雲從街)가 위치했던 곳입니다.

함께 발견된 금속활자를 보면 1440년 이후 구텐베르크
(Gutenberg, 1398~1468)가 세계 최초로 금속활자를 이용한 인쇄
했다고 하는 해보다 10년 정도 앞선 활자들입니다(갑인자
1434). 특히, 훈민정음 창제 시기인 15세기에 중반에 한정되어
사용되던 한자음의 한글표기방식을 지정한 동국정운식 표기
법을13 쓴 금속활자가 실물로 확인되었으며 한글 금속활자를
구성하던 다양한 크기의 활자가 모두 출토되었습니다.

동국정운

제가 이 글을 쓰는 이유는 국보 제142호『동국정운(東國正韻)』
(1448)이 건국대학교박물관에 소장되어 있기 때문입니다. 사실
한글은 백성들이 편하고 쉽게 익힐 수 있는 글이라는 목표로
세종대왕이 무수한 유교 관리들의 반대를 무릅쓰고 만든 글자
입니다. 알파벳이나 한자처럼 고대로부터 내려오던 문자가 시
대에 따라 변형된 것이 아니라 인위적으로 만든 세계 유일무이
(唯一無二)한 글자이기도 합니다. 지배층에게 언문(諺文) 등으로

동국정운과 활자

훈민정음 해례본(1443년, 세종 25)　　　동국정운(1446년)

석보상절(1447년)

용비어천가(1447년)

월인천강지곡(1447년)

핍박받기도 했지만 점차 확산되어 지금은 자랑스러운 세계의 문화유산입니다.

인사동 유물들은 학자들의 연구를 거쳐 더 다채로운 결과가 나올 테지만 건국대학교박물관에 가셔서 『동국정운』을 만나 보시길 권해드립니다. 아울러 제2의 『훈민정음 해례(訓民正音解例)』본을 가지고 내놓지 않는 그분. 어찌하면 좋을까요?

다음은 훈민정음 반포 전후에 간행된 위의 금속활자로 찍었을지도 모를 세종~세조 때의 주요 한글 책들입니다.

광진구의 길 이야기

도로(道路)는 땅 위의 사람이 다니는 길을 두 개 이상으로 서로 연결시켜 놓은 것을 말합니다. 보통 도로를 만들 때, 나무와 돌들을 제거하고 평평하게 만들며 땅의 기울기를 알맞게 조절합니다. 그러나 도로가 있기 전에는 강이나 바다를 이용한 수상교통이 크게 발전하였으며, 우리나라의 경우에도 도로가 발달하지 않은 중세에는 물류의 대량운송은 주로 해로를 포함한 수로를 이용하였고 사람의 왕래만이 가능한 소로만이 존재한 것으로 보입니다. 본격적으로 수레나 가축이 다니는 길(도로)라고 할 만한 것은 대도시(한양, 평양 등) 말고는 18~19세기에 들어서야 일부 존재합니다. 한반도는 산이 많아서 큰 산의 영향으로 산을 우회함에 따라 도로의 행선지가 갈라지게 됩니다.

광진을 지났던 역사적 사건들을 보자면 삼국 시대 한강 주변에서 일어났던 백제는 북방 진출을 위해 한강-광진-도봉-양주-포천-연천-임진강 라인의 길과 한강-김포-강화-임진강을 이용하여 대방이나 고구려에 압박을 가했고, 광진-가평-춘천 쪽의 북한강 라인으로 말갈과 싸웠으며 광진-양평-이천-충주 쪽의 남한강 라인, 성남-용인-안성-천안-공주-부여-호남으로의 마한 쪽 길도 있던 것으로 보여집니다. 비슷한 길을 이용하여 역으로 고구려와 신라의 한강유역 정복길도 대동소이(大同小異)합니다.

　고려 시대에는 1010년 거란(요나라)의 2차 침입 때 고려왕 현종이 도봉-광진-충주-공주-나주로 피난길을 택할 때 광진길을 이용했고요. 조선 시대 광진을 지나는 도로는 흥인문(동대문)을 출발 동묘에서 분기(分岐)하여 한쪽은 망우리를 지나 포천-철원-평강-금강산-원산-함흥으로 가는 함경도길과 영도교-왕십리-차현(車峴: 한양대 언덕)-전곶(箭串: 살곶이다리)-화양리-광장동(광진)으로 이어져 뱃길로 충주를 거쳐 소백산맥을 지나는 영남길이 광진을 지나는 길이었습니다. 1636년 인조(仁祖, 1595~1649 재위: 1623~1649)가 남한산성(南漢山城)으로 피난 갔을 때 화양정 인근을 지나 송파를 거쳐 피난 갔다는 기록도 보입니다.

　1770년 신경준(申景濬, 1712~1781)이 쓴 「도로고(道路考)」를 보면 한양에서 출발하는 전국의 도로망을 6개로 구별하는데 이 도로중 제4로를 동래로라 부르면서 동대문-살곶이다리-화양

정-광진나루(광장동)-판교-용인-충주-대구를 지나 부산진까지의 길이 광진을 지나고 있습니다.

19세기 김정호(金正浩, 1804~1866)의 〈대동여지도(大東輿地圖)〉에 따르면 광진을 지나는 길 중에 왕이 왕릉을 참배할 때의 길 즉 능행길의 노선 중에 광진을 거치는 경우는 살곶이다리를 지나서 세종(世宗, 1397~1450 재위: 1418~1450)과 효종(孝宗, 1619~1659 재위: 1649~1659)이 묻힌 여주(영녕릉英寧陵)로 행차할 때(광나루사이길)와 강남 삼성동(옛 광주)에 있는 성종(成宗, 1457~1495 재위: 1469~1494)과 중종(中宗, 1488~1544 재위: 1506~1544)의 무덤 선정릉(宣靖陵)과 태종(太宗, 1367~1422 재위: 1400~1418)과 순조(純祖, 1790~1834 재위: 1800.1.1~7.4)의 무덤인 헌인릉(獻仁陵)으로 능행할 때(살곶이길) 이용하였고 단종이 영월로 유배 갈 때에도 이 길을 이용하였고 송파진으로 가는 광주길, 세 가지로 분기되어 보입니다.

이후 개화기 때에는 김옥균(金玉均, 1851~1894)이 『치도약론(治道略論)』 등의 도로 정비책을 건의하기도 하였지만 자체 역량 부재와 일본 제국주의의 침략 등으로 주체적인 개혁은 실패하고 일본의 대륙 침략과 식량 및 자원 수탈에 필요한 철도길 위주로 도로가 형성되었고 이 길들이 현재 한국의 도로에 가장 큰 형향을 미치게 되었습니다.

자 그럼 현재 광진 도로들을 볼까요?

옛 길과는 달리 현재의 도로는 일본제국주의 강점기 때 대부분 기획되어진 것을 6·25때의 군사 목적 외에는 1960~70년대 경제개발시기에 거의 그 틀을 갖추어 진 것으로 보입니다. 광진구 자체의 사람들의 노력이라기보다는 광진구 자체가 서울의 도심과 강북의 중랑구, 강남의 송파 강동 그리고 구리시 등을 가기 위한 경유지의 역할을 하기 때문에 현대의 도로망의 얼개가 성립되었다고 볼 수 있겠지요.

사람이 다닐 수 없는 고속화도로는 한강변의 강변북로와 중랑천변의 동부간선도로(분당수서로)가 있습니다. 국도라고 할 수 있는 대로로는 군자교에서 천호대교까지 있는 광진구의 가장 넓은 도로인 천로대로가 있고요.

광진지도에서 알아 둘만한 곳을 도로 개설 연도와 함께 지도에 표시해 보았습니다.

길들은 도로명 주소와 같습니다.

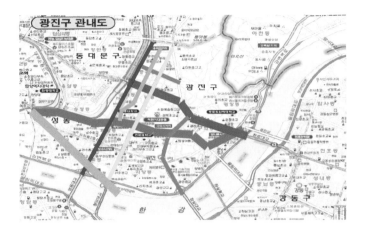

- 뚝섬에서 삼성동으로 넘어가는 길 - 현재는 뚝섬유원지역까지만 있음.

- 광나루로 - 광진구에서 가장 오래된 길(1960년대까지 전차도 다녔음).

- 천호대로 - 국도 가장 넓은 길(1970년대 중반).

- 자양로, 긴고랑로 - 개울을 복개해서 만든 복개천길(1970년대 후반).

- 능동로 - 1960년대 중곡동 국립정신건강센터, 어린이대공원, 세종대 등이 생기면서 만들어짐

- 면목로, 군자로 - 조선 시대부터 마장을 관통하여 있던 도로 (광진에서 두 번째로 오래된 도로).

- 동일로 - 6·25때 군사적 목적으로 만들었으나 현재는 강북과 강남을 잇는 길.

이 도로들 외에도 강변역로 광나루로 광장로, 구의강변로, 구천면로, 답십리로, 뚝섬로, 아차산로,영화사로,용마산로 ,워커힐로, 자양번영로, 등이 광진구의 도로입니다. 산책을 하실 때나 주위를 걸으실 때 한번 쯤 그 의미를 생각하면서 걷는 것도 광진 사랑 아닐까요?

1925 을축년 대홍수

광진구의 역사에서 사람이 사는 동안 이 지역의 경관을 바꾼 세 가지를 꼽으라면 390년~ 670년간 백제, 고구려 신라의 각축전과 나당전쟁시기, 1392년~1910년까지의 조선왕조의 마장 운영, 그리고 한강의 홍수입니다. 그 중에서도 사람들에게 가장 큰 영향을 미친 것은 지금도 여름철이면 걱정하게 하는 것이 홍수죠.

광진구는 지역의 40퍼센트 정도를 한강과 중랑천에 접해 있습니다. 광진 지역은 1년에 약 1500밀리미터 정도 비가 내립니다.

하천유량의 변화를 나타내는 건기 대 홍수기의 물의 양을 보면 한강은 무려 1 대 394로 라인강(1 대 14), 템즈강(1 대 8)에 비해 큰 차이를 보이고 있습니다. 한강의 홍수는 약 9미터에 이르는 서해 경기만 조수 간만의 차로 인해 한강이 바다 만조기의 영향이 워커힐까지 미치는 시기에 폭우나 장마가 발생하

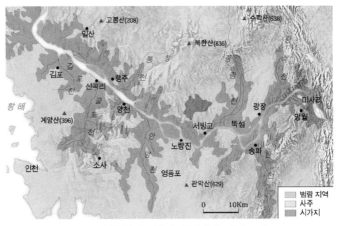

1925년(을축년) 대홍수 한강 홍수 지역 표기

면 한강물의 유출이 억제되어 수위가 높아지면서 상류에서 떠내려 온 강물이 정체되면서 홍수를 촉진하기도 합니다. 한강변에서 숭어나 학공치, 웅어 같은 바다와 강을 오가는 어류들이 발견되기도 하니까요.

한강은 용산 한강대교에서 측정할 때 현재 기준으로 12.57미터이면 홍수라고 하는데요. 이에 대한 대비로 약 16미터에 가까운 제방(한강뚝)을 쌓았습니다. 한강제방 조차 1920년대 일제 때부터 1980년대까지 쌓아서 된 것이니 만큼 이전 시기에는 10년에 한 번은 논밭은 물론이고 광진구 일대가 물바다였을 겁니다.

두 개의 표를 보시죠.

1925년 을축년 대홍수라고 일컬어지는 한강 홍수가 관측사상 최고의 홍수 기록입니다. 1925년은 을축년 홍수라 하여 7

■ 1917~1927년 뚝도 일대 최고 수위

연도	월	일	수위(미터)
1917	9	5	6.52
1918	8	17	8.55
1919	7	7	9.03
1920	7	9	10.27
1921	7	7	6.85
1922	7	30	9.83
1923	8	1	7.52
1924	7	26	8.86
1925	7	12	8.86
1925	7	18	12.33
1926	8	6	8.98
1926	8	3	4.25
1927	7	15	7.72

■ 한강대교지점의 최고수위 및 홍수량

순위	발생년월일	최고수위	유량(m^3/sec)
1	1925.7.18	11.76	32,000
2	1990.9.11	11.28	30,500
3	1972.8.19	11.24	30,000
4	1984.9.2	11.02	29,000
5	1955.7.16	10.80	26,000
6	1966.7.26	10.78	25,000
7	1986.8.12	999	24,400
8	1940.7.21	985	23,600
9	2006.7.16	10.20	25,735
10	1985.23	9.58	22,100

월 6일부터 20일까지 보름동안에 내린 장맛비가 전국 평균 700~970밀리미터 정도의 비가 15일 만에 내립니다. 을축년에는 네 번에 걸친 홍수가 있었는데, 그 중 6월말에서 7월 중순까지 장마가 지속되고 있던 상황에 대만 쪽에서 두 개의 태풍(열대성 저기압)이 일주일 간격으로 중부지방을 강타했습니다.

1차 홍수는 7월 11일과 12일에 중부지방에 300~500밀리미터 집중호우가 쏟아집니다. 2차 홍수는 7월 16·17·18일 계속 내린 비가 한강과 임진강의 분수계 부근에서 최고 650밀리미터에 달하였고, 이로 인하여 임진강과 한강이 크게 범람하게 되어 18일 한강의 수위는 뚝섬 13.59미터, 인도교 11.66미터, 구용산 12.74미터로 사상 최고치를 기록합니다. 한강의 물이 제방을 넘으면서 가장 피해가 심했던 곳은 동부이촌동(용산)·뚝섬·송파·잠실리·신천리·풍납리 등이었다고 합니다. 이 당시 용산의 철도청 관사는 1층 천장까지 물이 찼고, 용산역의

1925년(을축년) 홍수로 무너진 한강철교

열차가 물에 잠겼으며 한강철교, 살곶이다리도 파괴되었구요.
남대문 앞에까지 한강물이 찰랑거렸다고 하지요.

　당시 광진(동뚝도)의 홍수 기록을 보면 아래와 같습니다.

　자마장리(자양동 일대) 역시 참상이 극심해 전체 부락 가운데 가옥 형태가 남은 것은 겨우 1채에 지나지 않는다. 다른 것은 모두 유실되거나 무너져 없어졌다. 부락민 다수는 (강변의) 나무를 베어 임시로 작은 집을 급조해 겨우 비와 이슬을 피했다. 자마장리와 동 뚝도 사이의 논은 심히 황폐해졌다. 그 일대에는 진흙이 퇴적되어 예전의 도로를 판별하기 어려운 상태이다. 온통 무너진 가옥의 잔해가 부락을 다 덮어 그 참상은 차마 눈을 뜨고 볼 수 없는 지경이었다(일본 측의 기록).

1925년(을축년) 대홍수 암사동, 천호동 부근

서울, 광진 천년을 살다

광진 지역을 보면 화양동 느티나무 아래, 구의정수장 부근, 광장동은 워커힐 아파트 앞까지 한강물이 범람했다고 합니다. 홍수가 지나간 다음 이 더 문제였을 텐데요, 집은 모두 파괴되었으며 토지는 50센티미터에서 2미터에 이르는 모래와 진흙이 쌓여 주거, 농업이 파탄이 났다고 합니다.

　　사실 광진구는 그리 오래된 토박이들이 거의 없습니다. 여기에 을축년 대홍수로 거의 모든 가옥이 파괴되고 인명사상도 많이 발생했구요. 100년 정도를 유추해 보아도 광장동에 일부, 구의 사거리 산의동, 구정동 부근, 광진구청 근처 구릉지, 화양동, 능동 일부 말고는 거의 사람이 살지 않았으니까요.

　　이후 한강 홍수 통제는 1925년 을축년 대홍수 급의 재해를 막을 수 있느냐가 기준이 됩니다. 지금의 수리학자들도 이것을 연구하고 있고요. 광진 지역이 을축년 홍수 이후 한강에 제방을 쌓으면서 오늘날까지 이루어지는 뒤에서 다루도록 하겠습니다.

한강 광진 홍수 이야기(2)

한강 유역 변화 과정

앞서 1925년 을축년 대홍수 당시 전국에서 가장 피해를 본 광진구의 참상에 대해 서술했습니다. 이번부터는 시대별 지도를 통해 한강의 유역변화에 의한 광진 경관의 변화를 말해보려고 합니다.

광진 지역이 지도에 구체적으로 나타나는 것은 임진왜란 이후에 나타납니다. 자세히 볼 곳은 한강을 중심으로 한 광진 남부 지역입니다. 1678년(숙종 4) 목장지도 중 광진목장을 그린 것입니다. 뚝섬 버드나무 남쪽에 넓은 모래사장이 보입니다. 한강 북쪽에 신천이라는 명칭이 보입니다.

1750년(영조 26)에 만들어진 해동지도입니다. 일패, 이패, 삼패, 사패 등의 명칭은 지역별로 인구에 맞게 나누어 한양 도성 경계병에 동원되는 지역민들의 할당을 말합니다. 옛 광진 지역의 지명인 고양주면의 관할로 잠실, 신천까지 보입니다. 빨간 줄은 도로로 망우리를 지나 북한강 춘천이나 금강산으로

[살곶이 목장과 경계]

❶ 아차산(峨嵯山)   ❷ 중랑포(中浪浦)   ❸ 답십리(畓十里)   ❹ 살곶이 다리   ❺ 뚝섬(纛島)
❻ 자마장(雌馬場)   ❼ 한강(漢江)   ❽ 신천(新川)   ❾ 광진(廣津)

남도영(南都泳) 해제 『목장지도』에 그려진 목장의 모습

▲ **古楊州面(고양주면)** : 서울특별시 광진구 광장동의동
군자동·능동·송정동·자양동·중곡동·화양동, 성동구 성수동,
중랑구 면목동, 송파구 신천동·잠실동

四牌蠶室里	사패잠실리	잠실	(송)잠실동
三牌新川里	삼패신천리	새내	(송)신천동
二牌雌馬場里	이패자마장리	자마장	(광진)자양동
一牌廣津里	일패광진리	광나루	(광진)광장동

가는 길, 광장동의 양진당 나루터를 지나 남한강을 따라 충주
를 지나가는 영남길, 광주계라 쓰여진 곳은 지금의 송파나루
(송파진)를 지나 남한산성이나 충청북도로 가는 길이 보입니다.
한강은 잠실섬 북쪽보다 남쪽의 강폭이 더 크게 그려집니다.

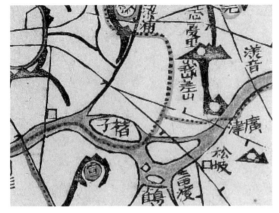

〈대동여지도〉

1910년 일본에 의해 만들어진 〈광진 지도〉

 1861년(철종 12) 김정호(金正浩, 1804~1866)의 〈대동여지도〉에
도 크게 다르지 않습니다. 저자도 오른쪽은 잠실섬, 아래의 두
섬은 왼쪽이 지금 삼성동 부근의 무동도(舞童島: 어린애가 춤추는
모양의 바위가 있었다고 함)와 잠실운동장 자리에 있던 부리도(浮里
島)입니다. 삼전도 송파진 쪽이 더 큰 줄기를 이루고 있습니다.

서울, 광진 천년을 살다

1910년 일본에 의해 만들어진 광진 지도에도 동일하게 나타나고 있습니다. 잠실 쪽 모래사장이 크게 넓어졌습니다. 저자도가 사라져서 일부는 잠실섬에 일부는 뚝섬에 붙어 버립니다.

1930년대 지도에서는 대홍수 이후 보면 잠실 북부의 한강 유역이 넓어지는 것이 보입니다. 1925년 대홍수의 영향으로 보입니다. 1960년대까지 한강은 이런 형태를 유지합니다. 즉 한강의 물줄기가 바뀌게 된 것이죠.

한편 일제도 이때 1925년 이후부터 현재 한강변과 비슷하게 강변에 완벽하지는 않지만 제방을 쌓기 시작합니다. 1960년대까지는 나룻배를 이용해 물이 얕은 삼성동이나 송파로 강을 건너가기도 했다는 어르신들의 이야기도 있고요, 탄천과 중랑천이 만나는 곳의 저자도(楮子島: 세종이 사위와 딸에게 유산으로 남기고 자두나무로 유명했던 섬입니다)는 사라집니다. 물론 지금도 갈수기에는 중랑천과 한강이 만나는 삼각주에 자그마한 모래언덕으로 나타나긴 합니다. 1925년 홍수 이전에 새로운 강(新川신천)이라는 명칭이 조선 후기 이후에 나오는 걸 보면 한강의 장기적인 유역 변화가 있었다고 볼 수도 있겠습니다.

말하자면 한강의 본류는 조선 시대에는 광진 - 송파 - 성동(응봉동)의 두모포 - 용산 - 마포로 이루어지는 곳이 본류가 점차 광진 - 뚝섬 쪽으로 서서히 변했고 1925년 을축년 대홍수가 결정적인 역할을 하여 1960년대까지 한강의 경관을 이루었다고 말할 수 있겠습니다. 이때까지도 한강의 본류는 잠실섬 남쪽이었고 잠실은 한강 이북 땅이었습니다. 1960년대 자양동의 행정동 명칭인 신양동이라는 의미가 신천동과 자양동을 합해서 일컫는 말이었지요. 다음에는 1970년대 이후부터 지금까지 정치와 행정이 한강유역을 어떻게 변화시키는지 알아보도록 하겠습니다.

한강 광진 홍수 이야기(3)

현대 한강의 경관 변화 과정

이제 해방 후 한강과 광진의 이야기를 해야겠죠.

　해방 전 광진은 아직 서울(경성)은 아니고 경기도에 속해 있지만 서울과 관련 있는 위성 지역이라서 출장소 개념의 특수한 위치에 있었습니다.

　1930년대 들면서 지금의 시의회라고 할 수 있는 경성부회에서 서울 동부지역을 서울로 편입하자는 논의가 있었고 일제 행정기관인 경성부에서도 이를 검토하기 시작합니다. 우측 아래가 잠실을 포함한 성동 광진 지역입니다. 아울러 한강을 상수원으로 하여 수원지가 노량진, 뚝섬(성수동)에서 구의동에 1935년경에 지어집니다. 이것이 구의정수장입니다. 아직도 잠실대교 상류는 팔당수원지와 더불어 서울과 수도권 주민들의 상수원 역할을 하고 있습니다.

　해방 후 1949년 광진 지역이 서울로 편입되면서 성동구라는 곳이 생겨나는데 관할 지역이 위의 사진과 일치하고 후에

1935년 경성부 행정구역 확장조사서

더 확장되는데 성동구는 근처 광진구, 강동구, 송파구, 강남구를 아우르는 행정구역을 가지다 구가 나뉘면서 차츰 떨어져 나가게 됩니다. 을축년 대홍수 이후 일제는 '한강개수기본계획'을 확정하여 1926년부터 한강과 각 하천 제방공사에 들어 갔고 이것이 일제에 의해 만들어지고 향후 우리나라 한강 치수사업의 기초가 됩니다. 이후 본격적인 치수사업은 1965년과 1966년 두해 연속 큰 수해를 당하고 나서 다시 시작됩니다.

광진뿐만 아니라 한강변이 급속하게 변하게 된 것은 1960년대와 1970년대라 할 수 있습니다. 1967년부터는 제방을 겸한 강변도로가 건설되기 시작했는데 문제는 도로 안쪽에 생기는 백사장(공유수면)이었죠. 지금의 한강 양쪽에 제방 겸 도로를 만들면서 수백 만 평의 국유지(공유수면)라고 말하고 주인 없는

서울, 광진 천년을 살다

1967년 광장동 백사장의 모습

1954년 뚝섬

땅이 되는 지역이 서울에 생깁니다. 대략 기록에 나오는 것만 봅시다.

압구정지구 현대건설 4만 8천 72평(공장부지라고 불하받음),
반포지구 현대건설 대림산업 삼부토건 3사의 공동출자
총 19만여 평,
구의동 광진교 부근 17만여 평,
잠실지구 1백 5만 평, 여의도 수백 만 평.

광진만 보아도 구의동 지금의 구의 3동, 광장동에 1980년대 지어진 한강변 아파트가 이때 생기는데 연탄재, 쓰레기, 아니면 자양 2동 잠실대교 북단의 고구려 유적지가 있는 언덕 등을 깎아 매립을 해서 지금 한강의 경관을 만들게 됩니다. 토지수용이 필요 없어서 얼마의 가격을 정부가 정당하게 받아서 대지를 건설사에 불하했는지는 며느리도 모릅니다.

1970년대 후반 언론인도 포함된 권력층의 '현대아파트 특혜분양사건'은 이때 터진 것이구요. 광진 지역 아파트에도 1970~80년도에 조합아파트라 해서 몇몇 언론들이 싼값에 아파트를 단지째 분양받은 일이 있었죠.

연쇄적인 '대역사'로 한강은 큰 변화를 겪기 시작했습니다. 성산대교에서 광진교까지 강남·북 양쪽 둑을 크게 보강하여, 고속화한 자동차 전용도로인 강변제방도로가 만들어졌으며 매립지개발과 아울러 한강 양쪽에 아파트단지가 대규모로 들

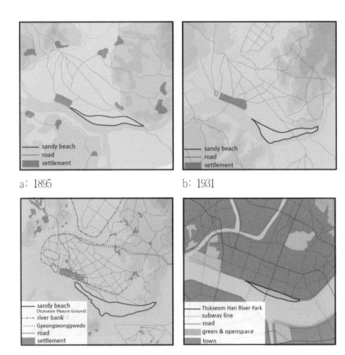

a: 1895   b: 1931

뚝섬지역 백사장 변화도

어섰습니다. 이 사업은 1966년경 박정희 군사정부시절 김옥현 시장의 주도하에 이루어졌습니다.

　1970년을 전후하여 한강의 지도를 고치게 하고 한강의 물줄기를 바꾼 공유수면 매립공사는 무려 8개 지구에 이르는 대규모의 아파트단지가 만들어졌습니다. 홍수가 날 경우 불어난 물이 머물던 삼각주와 만, 하천 중간에 있던 섬(하중도)들이 사라져서 이때 홍수 시에 여의도 잠실 반포 압구정동 자양 2동, 성수동, 풍납동 같은 지역이 상습적으로 침수되는 이유도 결국 물길에 집이 들어선 탓으로 볼 수 있습니다.

물의 흐름을 막고 대신 억지로 그 흐름을 돌림으로써 생긴 결과는 당장 1984년 대홍수 때 나타났습니다. 원래 물길인 풍납동 쪽으로 몰려든 강물의 수위가 급격히 높아지면서 잠실지구에서 단 하나 남겨놓은 지류, 그나마 배수기능을 충분히 갖추지 못한 성내천이 나가지 못하고 역류하여 성내·풍납동에서만 1만 5천 호의 가옥이 침수됩니다. 한강변의 아파트 경관은 권력, 자본과 결합하여 현재의 한강변을 만들었다고 할 수 있습니다.

1895년~2006년간의 뚝섬 백사장 변화도입니다.

서울, 광진 천년을 살다

광진 옛 그림

광진구 지역에서 조선 시대 느티공원 자리에 있던 화양정은 고도는 35미터 정도의 언덕으로 화양정에 앉아 있으면 저 멀리 살곶이 다리부터 면목동, 용마산, 아차산, 한강, 남한산, 관악산, 북한산 등을 모두 조망할 수 있었습니다. 화양정 서남쪽의 평야가 드넓게 펼쳐져 있기는 하지만 한반도의 기후상 여름 장마로 인해 거의 매년 홍수가 나는 지역이라 사람들이 많이 거주하지 못했을 것입니다.

조선 태조 3년(1394)에 도읍을 개경에서 한양으로 옮기자마자 조선 정부는 동대문 밖 이곳을 동교(東郊)로 부르면서 말을 기르거나 왕들의 사냥터로 사용하였습니다. 그나마 동대문 밖은 세종 때 한양 인구의 급증으로 주거지로 거주하게 하였고 살곶이 다리 너머는 본격적으로 마장의 역할을 조선 시대 내내 하게 됩니다. 즉 광장동 양진당(지금의 광진교 부근)을 중심으로 배를 이용한 나루터에 사람들이 거주하던 지역 외에 말을 관리하는 사람들이 거주하던 화양동, 군자동 구릉지와 워커힐 산자락에 권력자들의 별장 말고는 인구가 매우 적었던 곳이

1741년(영조 17) 겸재 정선의 〈경교명승첩〉에 보이는 광진의 풍경

광진입니다. 왕조실록에 따르면 왕들이 이곳에 사냥을 하거나 군사 사열, 화포발사 등의 기록이 조선 전기에만 수백 회 등장하구요. 호랑이나 표범에 의한 말들의 피해도 종종 나타나고 있었습니다.

조선 초기 광진 목장의 말은 조공용, 궁궐용, 고급 장교용의 말들을 길렀기 때문에 전국에서 가장 좋은 말들이 대략 4,500 마리 정도 길러진 기록도 보이나 마지막 왕 고종 대에 이르면 2백여 마리로 줄어듭니다.

화양동 주변을 비롯한 말 목장 주변의 토지는 주로 각 궁궐에 야채를 공급하는 토지들로 구분되어 국유지가 아닌 왕의 소유인 궁방전이 섞여있는 사복시 관할이 대부분이었습니다. 조선 중기 일본과 만주족의 침입과 신하들의 권력이 강해지면서 마장의 면적도 축소하게 되고 유약한 왕들은 그나마 숙종

서울, 광진 천년을 살다

1678년(숙종 4) 〈진헌마정색도〉

1800년(정조 24) 〈동대문외마장원전도〉

〈사복시 살곶이 목장지도〉(1789년~1802년)

(肅宗, 1661~1720 재위: 1674~1720), 영조, 정조 등을 제외하곤 군
사시설인 목장 관리에 소홀하게 됩니다.

광진을 그린 그림들은 지금까지 4종이 전하고 있습니다. 그
러나 군사시설과 동부지역 능행(陵幸)의 길목이 광진이었던 만
큼 다른 곳에 비해 왕실의 관심이 큰 곳이어서 왕명에 의한 그
림들이 주로 그려지고 있습니다.

1678년 숙종 때 그려진 목장지도 첫 장의 〈진헌마정색도(進
獻馬正色圖)〉와 1800년경 왕실 화원에 의해 그려진 〈동대문외
마장원전도(東大門外馬場院全圖)〉, 그리고 조악한 〈마장도(馬場
圖)〉 3종이 그것인데 마장의 축소가 두드러지게 나타나지만 당
시 광진 벌판의 전반적인 모습들이 그려져서 당시의 지형과

서울, 광진 천년을 살다

도로 등을 알아보는데 귀중한 자료로 사용될 수 있습니다.

　맨 위의 한 점 그림은 1741년경 겸재 정선(謙齋鄭敾, 1676~1759)이 그린 〈경교명승첩〉에 있는 광진이라는 그림으로 한강에서 아차산을 바라보고 그린 그림이 있습니다.

건국대의 문화유산(1)

서북학회회관

이번에는 건국대학교 소재 문화유산에 대해 말씀드리려고 합니다. 서북학회 건물입니다. 현재는 건국대학교 박물관입니다.

서북학회의 건물(일명 서북학회회관)은 르네상스양식으로 1908년에 현재 종로구 낙원동 낙원상가 북쪽 건국주차장(낙원동 282번지)에 건립된 건축물로 청나라 기술자를 불러들여 지었고 당시에는 보기 드문 현대식 건축물이어서 장안의 화제가 되기도 했다고 합니다. 서북 출신의 박은식(朴殷植, 1859~1926), 이갑(李甲, 1877~1917), 이동휘(李東輝, 1873~1928), 안창호(安昌浩, 1879~1938) 등이 서울에서 서북학회를 만들고 모금을 통해 회관 건립을 계획하고 착수하여 33명의 공동 소유로 종로구 낙원동 282번지(지금 종로 낙원상가 북편 건국주차장)에 건물을 건축하게 된 것이지요. 서양식 건물이지만 일본의 기술을 배제하고 중국인 기술자들을 쓰게 된 이유 중에 하나는 종로 2가 YMCA 건물 근처에 있었던 한미전기회사의 건축양식의 영향이라고

건국대학교 소재 서북학회 회관(현재 건국대학교박물관)

합니다. 이 건물은 건립 당시에는 '서북학회'의 회관으로 세워 졌던 건물이었습니다. 서북이라는 의미는 근대시기 서양문물을 비교적 빨리 받아들인 평안도, 황해도 사람들을 말하는 것이었고 여기에 함경도 유지들까지 합심하여 서북회관을 지었으며 애국계몽운동의 본산으로 105인 사건으로 유명한 신민회(新民會) 소속 건물입니다.

　서북학회는 망국의 길로 걸어가던 조선에서 젊은이들의 기독교적 교육과 계몽을 통해 나라를 살리려 노력하였고 대표적 항일단체인 신민회의 주축세력으로서 이 건물을 세웠습니다. 그러나 서북학회는 1910년 한일병탄에 반대하다가 강제 해산 당합니다.

　일제강점기에는 오성학교, 보성전문학교(현재 고려대학교), 협

종로 낙원동에 있었던 서북학회(구 정치대학, 현 건국대학교)

성실업학교 등 민족계 학교의 교사로 사용되다가 화신백화점
으로 유명한 일제 강점기 유명한 재산가였던 박흥식(朴興植,
1903~1994)의 소유로 있던 중 1941년 함경도 출신 건국대학교
설립자 유석창(劉錫昶, 1900~1972) 박사가 일부 인수하였습니다.
건물 가격을 모두 주진 못했다고 하네요. 1941년부터 1945년
까지는 일본 헌병대의 건물로 쓰이기도 했구요.

　해방 직후 서북학회 회관은 한동안 '주인 없는 건물'로 알려
져 있었습니다. 유석창 박사가 박흥식으로부터 인수할 때 건
물 가격 15만 원 가운데 2만 원만 지불한 상태였기 때문이랍
니다. 이러한 사정으로, 과거 서북학회 관련 인사가 건물 반환
을 요구하기도 하고, 조선공산당이 들어와 기관지를 인쇄하는
시설로 쓰기도 하였지만 1945년 가을 조선공산당은 철수했고,

유석창 박사의 노력으로 소유권 문제도 해결되었습니다. 하지만 이번엔 한민당이 회관 건물을 본부 사무실로 사용했으며 서북학회 회관 강당에서는 유명 정객들의 연설회가 자주 열렸다고 합니다. 근처에는 천도교회관도 있어서 이때부터 종로 일대를 정치 1번지라고 부르게 되었다고 하지요.

1946년 초 한민당이 본부를 옮겨 간 후 서북학회 회관은 교육 공간이라는 본래 기능을 되찾게 되는데요. 서북회관은 유석창이 설립한 건국의숙을 모태로 '조선정치학관'(1946)이 되었다가 '정치대학'을 거쳐 1949년 설립 인가를 받은 건국대학의 본관이 되었습니다.

그런데, 1946년 또 다른 대학 설립이 서북학회 회관에서 시작되었습니다. 신익희(申翼熙, 1894~1956), 장형(張炯, 1889~1964) 등 독립운동가들이 국민대학 설립 기성회를 조직하고, 회관 내에 사무실을 둡니다. 국민대학은 1946년 인가를 받았고, 내수동으로 옮겨갔지만 신익희가 임정에서 친 이승만(李承晚, 1875~1965) 노선으로 정치 노선을 바꾼데 분노한 장형은 별도로 1947년 단국대학을 설립합니다. 어찌 됐든, 서북학회 회관에서 일제 강점기 고려대학의 전신인 보성전문까지 언급하면 네 개의 대학이 탄생한 것이죠.

회관이 위치한 낙원동 일대는 '낙원동 대학가'로 불리었습니다. 1950년에는 인근 대원군 생가였던 운현궁 터를 해방 전후에 많이 나오는 판 사람은 모르고 매입한 사람만 있는 친일파 출신이 매입하여 건립한 초급 덕성여자대학까지 들어왔으며 동숭동의 서울대학도 근처에 있었습니다.

건국대학의 전신인 조선정치학관 학생들과 단국대학 학생들의 갈등도 많았다고 합니다. 조선정치학관의 건물이었지만, 대학 인가를 먼저 받은 단국대가 같은 공간을 사용하면서 충돌이 빚어지면서 학관을 사수하자는 입장과 단국대학으로 편·입학을 원하는 입장 간에 물리적 충돌까지 빚어지는 와중에 단국대학이 1949년 말 신당동으로 이전하면서 일단락되었다고 합니다.

1956년 건국대학이 현재의 위치(광진구 모진동毛陳洞)의 이 땅도 이왕가 소유인데 운현궁의 소유권 분리와 비슷한 과정으로 주인이 바뀝니다. 이전한 뒤에는 1973년까지 이 건물은 건국대학교 야간학부 강의실과 법인 사무실로 쓰였습니다.

1977년 낙원동 서북학회 회관은 도심 개발에 밀려 철거될 위기에 처하자 건국대학교는 1985년 낙원동 회관의 일부 자재와 부재를 가져다가 현 캠퍼스 안에 복원합니다. 하지만 외양만 옛 회관의 모습을 살리려 노력했을 뿐, 건축 방식이나 내부 구조는 원형과 판이하게 다르다고 합니다. 학교 설립자의 아호를 따 '상허기념관'으로 명명된 이 건물은 현재 건국대학교 박물관으로 사용되고 있으며 역사성을 인정받아 2003년 등록문화재 제53호 '서북학회회관(西北學會會館)'으로 지정되었습니다. 종로에서 1970년에 지어진 낙원상가를 지워버리면 탑골공원에서 서북회관이 보였을 겁니다. 건국주차장 자리도 그대로 있습니다.

서울, 광진 천년을 살다

식민지 전에 자주국을 갈망하던 인사들이 교육을 통해서라
도 나라를 지키려 했던 마음이 모여 건물을 지었고, 해방 후 여
러 정치가들이 모여서 새로운 조국을 꿈꾸었으며 고려대, 국
민대, 단국대, 건국대 등 네 개의 대학을 태동시켰던 건물인 서
북학회회관이 광진구에 있습니다.

건국대의 문화유산(2)

건국대학교 박물관

이번에는 건국대학교 소재 문화유산에 대한 이야기 중 두 번째
이야기입니다.

여러분 대한민국에 국보와 보물이 모두 몇 점이나 있을까
요?

2022년 현재 국보는 모두 333점, 보물은 2,158점이 있습니
다. 물론 남한의 문화유산 만이고 북한과 외국에 있는 것을 합
하면 곱절은 된다고 보입니다. 북한의 평양성, 고구려 벽화유
물, 청자 등의 자기류나 일본에 있는 〈몽유도원도(夢遊桃源圖)〉,
우리나라보다 외국에 훨씬 많은 고려 불화 등은 세계 어디에
놓아도 눈부신 문화유산입니다.

광진구에는 한 점의 국보와 두 점의 보물이 있습니다. 그 중
『동국정운(東國正韻)』이 국보로『율곡선생남매분재기(栗谷先生男
妹分財記)』는 보물로 지정되어있는데 건국대학교 박물관(서북학
회)에 소장되어 있습니다. 나머지 하나는 안중근(安重根,

동국정운(건국대학교 소장)

1879~1910) 의사의 서예 작품 '인내(忍耐)'라는 글씨(개인소장)입니다.

『동국정운』은 조선 세종 30년(1448)에 신숙주(申叔舟, 1417~1475), 최항(崔恒, 1409~1474), 박팽년(朴彭年, 1417~1456) 등 학자 아홉 명이 임금의 명을 받아 한국 역사상 처음으로 한자음을 훈민정음으로 기록한 음운서(音韻書)입니다. 조선 초기에 최고의 외교관이자 가장 많은 외국어를 구사했던 신숙주가 주관이었습니다. 그는 설총(薛聰)이 사용했던 이두(吏讀)는 물론, 중국어·일본어 그리고 몽골어·여진어에 능통했고, 인도어와 아라비아 문자와 언어까지 구사할 수 있었다고 합니다.

특히 명나라가 홍무제(洪武帝=주원장朱元璋)이 몽골(원) 치하의 북방 민족에게 중국어가 훼손되었다고 판단하여 중국어 음운서를 1375년『홍무정운』이라고 하여 발간하는데 영향을 받아 제작한 것으로 보입니다. 당시나 지금의 우리나라의 한자 발

조선시대
재산상속기록,

율곡 이이 선생가 분재기

건국에 숨겨진 유물이야기 ⑤

5,000원권 지폐에 그려져 우리에게 친숙한 인물인 율곡 이이(李珥, 1536-1584)는 조선 중기의
대표적인 성리학자 중의 한 분이다. 사람들은 흔히 율곡을 말하면 강릉의 오죽헌과 어머니인 신사임당을 떠올린다.
우리 박물관에는 아직 일반인들에게는 낯설 수도 있는 율곡 이이와 관련된 문화재가 숨어 있다.
박물관 2층 전시실에 올라가면 눈에 띄게 진열장의 벽면을 장식하고 있는 문서가 보이는데,
이것이 《율곡 이이 선생가 분재기》이다. 이 분재기는 보물 제477호로 지정되었으리만큼 당시의 시대상을
잘 보여주는 중요한 문화재라 할 수 있다.

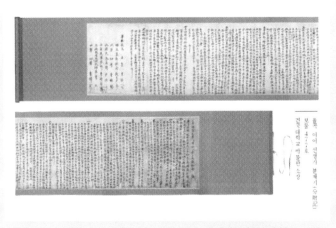

율곡 이이 선생가 분재기(分財記) 보물 제477호(건국대학교박물관 소장)

음은 중국의 영향을 강하게 받기 시작하는 7세기 전후 수나라 당나라 시기의 발음이어서 1450년대 중국의 발음과는 차이가 있기에 중국의 당시 발음에 맞게 고치려는 집권층의 의도도 보이는 책입니다. 그러나 이 같은 노력은 이미 7백여 년 넘게 사용하여 우리화한 한자음을 중국에 맞추어 번거롭게 하냐는 비판(최만리崔萬理〈?~1445〉 상소)과 백성들의 사용 거부로 실패하게 되지만 당시 중국의 음운학 수준에 버금가는 독자적인 연구 성과를 바탕으로 나온 책이기도 합니다. 주로 목판활자본이기는 하지만 몇 개는 금속활자본일 가능성도 있습니다.

건국대학교박물관의 보물 하나는 『율곡선생남매분재기(栗谷先生男妹分財記)』입니다. 『화회분기(和會分記)』라 하여 어머니 신사임당(申師任堂, 1512~1559)이 1559년 신경쇠약으로 사망하고 아버지 이원수(李元秀)가 1561년 사망하자 5년 뒤인 1566년 그들의 자녀 4남 3녀와 이원수의 둘째 부인 권(權) 씨까지 8명이 모여 부모의 재산을 나누었다는 기록입니다. 가로 257센티미터, 세로 48센티미터인 이 문서를 보면 첫째로 『경국대전(經國大典)』의 법리(法理)에 따라 유산(遺産)을 아들, 딸 구별 없이 나누었다는 이야기와 부모의 제사는 큰아들이 주관하되 한 자녀가 도우러 가고 나머지 자식들은 제사비용 마련에 협조한다는 내용입니다.

이 부분을 보아도 조선 전기까지만 해도 상속의 문제는 남녀 차별이 없다는 내용을 살펴 볼 수 있으며 후기에 비해 여성의 권리가 높았음을 볼 수 있습니다.

건국대학교 박물관 앞에 있는 고려시대의 탑

　대한민국은 1991년 이후에야 법리적으로 남자와 여자가 균등상속이 되죠. 여기서 하나 율곡 이이(栗谷李珥, 1536~1584) 선생은 부인이 셋이었지만 아들이 없어서 임란 때 부인이 파주 율곡 이이의 무덤 앞에서 일본군에게 살해당하였구요. 퇴계 이황(退溪李滉, 1501~1570) 선생께서는 본가는 매우 어려웠지만 두 번 결혼한 처가가 돈이 많아 벼슬을 하지 않을 정도였다 합니다.

　제가 보는 건국대학교박물관의 숨은 명물은 박물관 앞에 있는 탑입니다. 전북 군산 근처에 있다가 일본인이 가져가려던 것을 건국대학교 동문이 매입해서 기증했다하는 데요. 주요 문화재는 아니지만 '일감호'를 걷다가 계단 몇 개만 올라가면 볼 수 있는 문화재입니다. 5층이라 하지만 4층만 남아있고 기단석도 남아 있지 않지만 제가 알기론 세종대학교에 있는 작은 탑, 구리시에 있지만 아차산에 있는 탑, 구리시 아차산 온달

샘 옆의 허물어진 탑과 함께 우리 근처에 있는 천년이 넘는 고려 시대의 탑입니다.

건국대학교 박물관은 월요일부터 금요일까지 개관합니다. 소장 전시품은 그때그때 바뀝니다.

건국대의 문화유산(3)

도정궁 경원당

이번에는 네 차례에 걸쳐 건국대학교 소재 문화유산에 대한 이
야기 중 세 번째 이야기입니다.

사람의 삶을 크게 말하면 입고(의), 먹고(식), 지내는(주)게 가
장 기본적인 것이고 기후와 민족적 전통을 나누는 큰 문화적
지표이기도 합니다.

광진구에는 백 년이 넘는 전통적 가옥이 거의 남아있지 않
습니다. 볼만한 한옥이라면 구의동 아차산 자락의 영화사(永華
寺) 정도가 전통가옥이라 할 만하지만 이 건물도 1900년대 초
반에 중곡 2동에 있던 절이 옮겨 간 것이라 원형은 아닙니다.
제 기억으로는 자양동에 건국대와 경계에 있던 할아버지 당집
이 있었는데 20여 년 전에 희한하게 한 층에 방 하나의짜리 3
층짜리 건물로 변했구요. 그나마 가장 오래된 건물이 건국대
학교 동쪽에 빼꼼히 숨어있는 도정궁 경원당(都正宮 慶原堂)입니
다.

덕흥대원군의 후손이 돈녕부 도정(都正)직을 세습받은 도정궁(都正宮)

도정궁 경원당은 중종의 아들이자 조선 제14대 왕 선조의 친아버지인 덕흥대원군(德興大院君, 1530~1559, 중종의 여덟째아들)과 그 후손들이 머물던 궁이자 잠저(潛邸: 왕자가 세자가 아니어서 궁 밖에 살다가 왕이 되면 그 집을 잠저라 함)입니다. 선조의 후손들이 계속 조선 왕위를 이어 받았으므로 진정한 왕의 기운이 있는 집이라 할 수 있습니다. 원래는 서울특별시 종로구 인왕산로 1길과 사직로 7길 사이 일대(사직동 262번지 일대)로 사직단의 서남쪽 바로 옆에 있었습니다.

덕흥대원군은 중종의 서자로 왕이 될 수 없었기에, 궁궐에서 태어나고 자랐지만 나중에 반드시 밖으로 나가 살아야 했습니다. 1544년(중종 39)의 『중종실록』 기사에 "덕흥군의 집이 지어진 지 오래인데…."라는 내용을 보아 아마 그 이전에는 지어진 듯합니다. 그리고 서울의 양반 집은 새로 짓기보다는 역

종로 원래 위치(서울 종로구 인왕산로 1길과 사직로 7길 사이 일대, 사직단의 서남쪽 바로 옆에 있었다)의 도정궁 경원당

적으로 몰려 재산을 몰수당한 양반들의 집을 임금이 나눠주었을 수도 있습니다. 평범한 일반 왕자의 저택에 지나지 않지만 이곳에서 태어나고 자란 덕흥군의 3남 하성군(河城君)이 명종의 뒤를 이어 선조로 즉위하면서 다른 일반 종친들의 집과는 확실히 다른 대우를 받고 대대손손(代代孫孫) 그 집을 지키고 덕흥군을 기리라는 왕명을 받게 되지요.

덕흥군이 송나라 복왕의 예를 따라 왕의 친아버지 자격으로 대원군 칭호를 받았고 덕흥대원군의 종손(宗孫) 4대까지 대군(大君)에 준하는 대우를 직계 왕족의 지위를 얻었고 그 이후 사손(嗣孫)들에게는 '당상관 돈녕부(敦寧府: 왕실에 가까운 친척 간의 친선을 도모하기 위한 사무를 처리하던 관청) 정3품 도정(都正)' 직을 대를 이어 세습하게 했습니다. 그래서 이 궁의 이름이 '대대로 도정들이 사는 곳'이라 하여 도정궁(都正宮)인 것입니다.

조선 후기 들어서 순조는 덕흥대원군의 종손들에게 종친부 정1품 군(君) 작위를 대대로 세습하게 했습니다. 그래서 이후 덕흥대원군의 사손(嗣孫)들은 왕의 촌수에서 멀어졌지만 내내 엄연히 정식 왕족이었고, 이 도정궁 13대 종손(宗孫) 경원군 이하전(慶原君李夏銓, 1842~1862)이 안동 김씨에게 밉게 보이지만 않았어도 헌종 사후 강화도령 이원범(李元範=철종哲宗, 1831~1864)이 아닌 그가 왕위를 계승했을 것이라는 풍문이 돌기도 했습니다. 하지만 조선 후기 왕실의 본가라는 이름이 걸맞지 않게, 아니 오히려 그래서였는지는 몰라도 나름 수난을 많이 겪게 됩니다.

이하전은 역모로 몰려 제주도로 유배되었다가 사약을 먹고 죽습니다. 이하전 사후 대원군과 고종이 집권하기 전까지 도정궁은 왕실의 무관심과 냉대 속에 여러 해 방치되었습니다만 흥선대원군이 왕권 강화의 일환으로 1872년경에 새로 지었다고 합니다. 무려 150칸이 넘는 대단한 건물이었다고 합니다. 그렇지만, 1913년 12월에 화재로 120~130여 칸이 불탔고 고종과 순종의 지원을 받아 재건했습니다.

이상하게도 이왕가와 관련된 중요한 건물과 자료들은 불에 잘 탑니다. 화양동의 화양정과 도정궁이 그렇고, 1960년경 이왕가를 관리하던 재산 문서들은 지금의 문화재청에서 관리함에도 불이 나서 없어집니다. 공식적으로는 방화가 아닌 화재로요.

8·15 광복 이후에도 후손들이 살았으나 1950년대에 매각 (마찬가지로 판 사람은 모르고 매입한 사람만 있는)되었으며, 도시 개발 명목으로 부지는 나뉘었고 건물들은 팔리고 헐려 현재는 터에

건국대학교 소재 도정궁 경원당(덕흥대원군의 13대 사손(嗣孫) 이하전(李夏銓)이 거주하였던 건물. 1979년 7월 4일 건국대학교 서울 캠퍼스 내로 옮겨졌다.

흔적조차 거의 남아있지 않습니다. 기록상 도정궁의 건물들 중에 덕흥대원군의 위패를 모시던 덕흥궁은 100칸이 넘는 대 저택이었지만 1913년에 불타버리고, 장행랑(행랑채)은 서울의 5대 명물이었으나 사라졌고, 별채는 현대그룹에 매각, 집터는 그의 후손인 전 전 국회의장이었던 운경 이재형(雲耕 李載澄, 1914~1992)의 집이었다가 그의 재단으로 넘겨집니다. 이재형 집안이 오토바이로 유명한 대림산업이고 덕흥군의 후손이기 도 합니다.

그 중 경원당(慶原堂)은 조선 철종 때 도정궁 13대 사손(嗣孫: 대를 이을 손자) 이하전(李夏銓)의 거주하던 건물입니다. 흥선대원 군이 1872년경에 새로 지었고 1908년(융희 2년) 이하전이 경원 군(慶原君)으로 추봉 받으면서 '경원당'이란 이름을 얻었습니다.

1913년에 불타 1914년경에 다시 짓게 되었고, 성산대로 건설 계획 때문에 1979년 7월 4일 광진구 건국대학교 서울 캠퍼스 내로 옮겨집니다.

한때 사직동 시절 정재문(鄭在文, 1936~)이 기거했다 하여 '사직동정재문가(社稷洞鄭在文家)'라고도 부릅니다. 건평 36.66평이며 기역자 형태로 한 건물에 안채와 사랑채가 붙어있으며 평면으로는 전형적인 한옥 양식을 따르고 있지만 근현대의 역사적 부침으로 사랑채의 벽체와 창호(유리로 장식) 등은 서양식과 일본식이 약간씩 가미되어 있다고 합니다. 1977년 3월 17일 서울특별시민속자료 제9호로 지정받았는데요. 어쨌든 조선 선조 왕 이후 조선 왕실이 핏줄이 시작된 터가 도정궁 경원당입니다.

현재 남아있는 유일한 잠저이자 19세기 20세기 초에 걸쳐 근대화의 물결 속에 변형되며 지어진 한옥을 보거나 4백 년 왕맥(王脈)을 느끼고 싶으시면 도정궁 경원당을 추천합니다. 참고로 한옥집은 외벽과 바닥 복토 말고 기둥, 서까래, 주춧돌, 기와까지 모두 재활용이 가능하다고 합니다. 요즘 이전비용하고 건축비용을 계산하자면 대략 100~150년 정도된 한옥집의 경우 후손들이 판매한다고 했을 때 천만 원 내외로 매입해서 이전, 건축을 할 때 현대 건축비용 정도(3~4억)로 건설이 가능하다고 합니다.

건국대의 문화유산(4)

일감호

이번에는 네 차례에 걸쳐 건국대학교 소재 문화유산에 대한 이야기 중 마지막 이야기입니다. 건국대학교 부지는 예전에 모진동(毛陳洞)이었습니다. 지도에는 모진당(毛陳堂)이라고 되어있는 것을 보아 무속인들의 당집이 있었던 것으로 보입니다.

　모진동의 동 이름은 조선 시대 이 일대의 살곶이벌이 조선 왕실의 말을 키우던 곳이었는데 그중 건국대 일원은 아차산 – 능동 구릉지에서 내려오는 샘이 솟아나서 습지였다고 합니다. 이 습지에 방목된 말이 실족(失足)하여 수렁에 빠져 죽으면 이곳 주민들이 수렁 위에 널빤지를 띄워 놓고 들어가 말을 건져 내어 그 고기를 나누어 먹었다고 하여, 인근 주민들이 이 동네의 사람들을 보고 '모진 이들'이라 불렀고, 모진 이들이 사는 마을이라 하여 '모진동네'로 불리고 한자명으로 모진동으로 표기한 데서 유래되었다고 합니다.

　모진동은 조선 시대 경기도 양주군 고양주면에 속해 있다가

건국대 일감호 야경

갑오개혁으로 행정구역이 개편되면서 1895년 5월 26일 칙령 제98호에 의해 한성부에 편입되어 두모방(豆毛坊, 성외城外) 전곶 계(箭串契)로 되었다가, 1911년 4월 1일 경기도령 제3호에 의해 경성부를 5부 36방, 성외를 8면으로 할 때 경성부 두모면 (豆毛面) 장내능동(場內陵洞)이 되었으며, 1914년 4월 1일 경기 도령 제3호로 경기도 고양군에 편입되어 뚝도면(纛島面) 모진 리가 되었습니다. 광복 후 1949년 8월 13일 대통령령 제159 호에 의해 서울특별시에 편입될 때 성동구 모진리가 되었으 며, 1950년 3월 15일 서울특별시조례 제10호에 의해 서울특 별시 성동구 모진동이 되었으며, 1995년 3월 1일 법률 제 4802호에 의해 성동구 중 동이로 동쪽지역이 광진구로 분구 (分區)되면서 광진구 모진동이 되어 오늘에 이르렀고 2009년

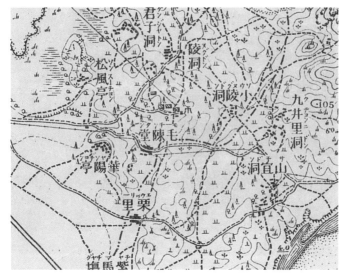

1910년대의 모진동 지도

에 화양동에 편입되었습니다.

　토지의 대부분은 이왕가 재산이었지만 1960년까지 이승만 정부에 의해 구황실재산사무총국(문화재청의 전신)에 의해 국유화와 중간의 야바위(토지문서가 불이 나서 사라진 전후에 사유지화, 막무가내 국유지화, 이왕가 후손들에게 싼값에 불하받았다고 주장)의 과정을 거쳐 주인이 바뀌게 됩니다. 이 과정은 어린이대공원 편에 자세히 말씀드리죠. 이후 1950년대 전쟁 후 건국대학교가 이승만 정부에게서 불하받아 종로에서 지금의 위치로 이전하게 됩니다.

　일감호 터는 능동 쪽의 언덕아래 자연 샘이 솟아 상습적인 저습지였는데 건국대학교의 창업자인 유석창 박사가 대학 건

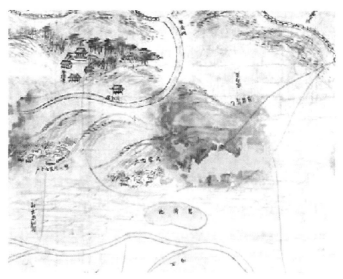

19세기 초반 화양동, 모진동 지역

물터를 일구다가 도저히 건물을 지을 수 없게 되자 본격적으로 호수를 만들겠다는 의지로 이 습지를 호수로 만들고 중국 송나라의 주희(朱熹, 1130~1200, 주자朱子)가 지은 시 '관서유감(觀書有感)'에서 '거울같이 맑은 샘에서 천지를 비추는 거울 같은 호수가 되라'고 학문을 호수에 비유하면서 '일감호(一鑑湖)'라고 이름 지었다고 합니다. '일감호'로 유입되는 물은 북쪽 벤치 입구에 있었지만 많은 건물들이 생기면서 끊기게 되고 지금은 5호선 군자역에서 나오는 지하수와 새천년관과 신공학관에서 솟아나는 지하수가 유입되고 있고 남쪽의 배수구로 나가는 물은 서쪽으로 지하철 2호선을 따라 뚝섬역까지 가는 성수천(聖水川)의 발원지가 됩니다.

일감호의 넓이는 55,661제곱미터로 넓어 종종 타 대학 캠퍼

1960년대 건국대학교 내에 있는 일감호

스와 비교되는데요. 일감호보다 좁은 대학은 한성대학교, 서경대학교, 동덕여자대학교, 성공회대학교, 명지대학교 등이 있다고 합니다. 일감호의 명물로는 무지개 모양 다리인 홍예교(虹蜺橋)와 호수 안의 섬 와우도(臥牛島)가 있으며 1970년대에는 스케이트장으로, 호수에는 많은 물고기가 서식하여 제가 고등학교 다닐 즈음에도 밥풀을 미끼로 팔뚝만한 잉어나 붕어를 잡기도 했고 배스나 자라도 산다고 합니다. 이제 수질오염으로 낚시는 금지되었지만 와우도를 중심으로 물고기를 먹고사는 청둥오리, 거위, 참새, 가마우지 등을 쉽게 볼 수 있습니다. 축제 때에는 보트로 호수 위를 다닐 수 있지만 1980년대까지 저도 해봤던 빙판 놀이는 몇 번의 안전사고로 인해 금지되었습니다.

　마지막으로 옛 '일감호' 부근에는 '일감호' 동남 측 자양동에 할아버지당(자마장 신당), 서북 측 화양동 느티나무 부근에 할머니당이 있어서 음력 시월 초하루가 되면 자양동 마을(율동-밤댕

서울, 광진 천년을 살다

자마장(자양동)신당에서 행당동 아가씨당으로 이전된 삼불제석

이)에 사는 사람들은 마을 신당인 '부군 할아버지당'에서 재(齋)를 지내고, 화양동의 안골(현재 화양동 주민센터 남서쪽) 사람들은 신당인 '부군 할머니당'에서 마을의 안녕을 기원하는 재를 함께 올렸다고 합니다. 두 마을 간의 제사는 서로 교환이 되었던 것으로 보이는데 마을의 대동제(大同祭)가 끝나고 서로 다른 당으로 이동을 하는데 바로 이곳 장승모퉁이(옛 민중병원 자리 현재 건국대학교 예술대학 앞 공원)를 경유하였다고 합니다. 토박이들은 이곳을 지나는 길을 '제사 길'이라고도 불렀다고 하여 두 마을이 서로 유사한 공동체 문화를 형성하고 있음을 증언하고 있습니

다.

　지금은 할아버지당에서 모시던 무신도 16점들은 본당 제사를 주관하던 무속인의 사망과 건물주의 재건축으로 이곳이 본당임에도 제자집인 왕십리역 근처의 행당동 아기씨당으로 옮겨졌고 화양동 할머니당은 근대화의 시름 속에 스러져서 가원을 찾지 못하고 있네요. 성동구는 이들을 성동구 향토유적 제1호(2017년에는 서울특별시의 민속문화재 제34호로 지정됨)로 보존하는데 광진구는 이런 제도조차 없으며, 아차산 초입에 올해 광진구에 세운 표지판에는 광진구만(!!) 표시되어 있다 보니 경기도 구리시 영역이지만 아차산에 있는 범굴사(대성사)도, 아차산의 미인 고려 석탑도 없는 광진구만(?)의 아차산 고구려 지도를 표지판이라고 세워 놓았더라구요.

마장, 군자리 골프장,
어린이대공원(1)

조선 시대 마장, 유강원, 군자리 골프장

여러분은 광진이라고 하면 어디가 가장 먼저 생각나시나요?

당연히 어린이대공원, 아차산, 광장동 워커힐, 또는 젊은 분이라면 건대역, 한강 둔치도 말씀하실 것입니다.

저는 여러분이 광진을 맨 처음 방문하신다면 어린이대공원을 추천드리고 싶습니다. 이전의 글에서도 언급했듯이 광진 지역의 대부분인 남서쪽지역은 한강, 중랑천, 탄천이 흐르는 지역이라 옛날에도 언덕을 제외하고는 여름철의 상습적인 홍수 지역으로 사람이 살기에는 적당하질 않았습니다.

1392년 조선을 개창한 후 조선 정부의 고민이 하나 있었습니다. 조선의 군사 국방체계는 몽골군의 전법(戰法)을 그대로 이어받은 기마병이 주력군에 농민보병이 일반보병으로 되는 시스템이었죠. 그래서 대략 갑사라 불리는 2만 명 가까운 기마병에다가 20만 명 정도의 보병이 조선 내내 국방의 중심이었

군자리 골프장 코스

다고 보면 됩니다. 한양으로 도읍을 옮긴 후인 1394년 조선 정부는 사람이 많이 살지 않고 여름 홍수시기를 제외한 평탄지에 말 목장(마장)을 수도 근처에 설치를 하게 되는데 한양 주변에는 왕실 직속으로 뚝섬-광진 지역에 설치하고 갑사(甲士)들을 위한 목장으로는 의정부 녹양평, 지금의 구로, 금천, 시흥 지역에 이르는 목장 등이 있었다고 합니다. 조선의 말 목장은 119개소 정도가 있었으나 임진왜란 이후 국력이 쇠하면서 46개만 존재하였다 합니다. 그 중에서 왕실 행사와 조공용(朝貢用) 등 가장 최고급의 말들은 여기 광진 뚝섬일대의 목장지에 있었구요. 지금은 없어졌지만 화양동 주민센터 부근의 화양정, 마장원의 흔적들과 한양대 언덕의 마조단 터 등과 지금의 길, 골목 등은 남아있습니다.

1910년 한일병탄까지 목장의 형태는 광해군 때와 일시적인 왕자들의 무덤 논의 때 몇 년을 제외하고는 5백여 년 이상 유지되었고, 조선말 조선 마지막 왕인 순종이 즉위 전 부인인 순명효황후 민씨(純明孝皇后 閔氏, 1872~1904)가 1904년에 사망하자 군자리에 무덤을 조성하여 유강원(裕康園, 유릉裕陵)이라 이름 지으면서 능동(陵洞)이라는 명칭도 생기고 국유지였던 이 지역은 1910년 한일병탄으로 이왕가의 재산이 됩니다. 무덤의 위치는 정확한 고증은 없지만 지금 코끼리 사육장 인근으로 추정됩니다.

　　이 시기 중곡 2동에 있던 화양사(華陽寺: 672년 의상義湘이 창건했다 함)라는 절이 능의 북쪽에 있을 수 없다하여 왕실의 지시로 1907년 아차산으로 이전하고 같이 있던 미륵불도 지금의 자리로 옮기면서 영화사(永華寺)라는 이름으로 남게 됩니다. 자식이 없었던 순종은 자신의 후계자로 바로 아래 동생이지만 어머니의 신분이 미천한 둘째동생인 의친왕 이강을 제치고 막내동생인 영친왕 이은(英親王 李垠, 1897~1970)을 지명했고 이 지역의 대부분은 영친왕 소유가 되었습니다.

　　19~20세기 들어 밀려들어온 서양제국주의의 물결과 함께 서양의 취미생활이 함께 들어오기 시작했는데 그 중 골프가 있었습니다. 우리나라에 골프가 들어온 것은 서양 상인, 선교사 등에게서 받아들여졌는데 1890년 전후로 원산에 6홀의 골프장이 생겼고 이후 지금의 효창공원인(효창원孝昌園, 1921), 이문동 외국어대학교 너머 이전 국가안전기획부 터(청량리 골프장,

대공원 내 유강원(유릉) 석물들

1924), 평양 등에 9홀의 골프장이 세워지게 됩니다. 당시 서울이었던 경성에는 일종의 도심 미니 골프연습장인 베비골프장도 여럿 생깁니다.

골프를 아시는 분들은 아시지만 정식 골프장 코스는 18홀입니다. 정식 골프장에 대한 수요가 늘자 군자리 유강원(유릉) 터에 골프장을 짓자는 여론과 1925년 한강 대홍수로 무덤이 수재를 당하고, 1926년 순종 사망 후 유강원의 능묘를 남양주 사곡동 유릉으로 이장하면서 빈 땅이 된 군자리에 골프광이었던 영친왕이 1927년 경성골프구락부 총재를 맡으며 이곳에 골프장을 건립(1929년)하게 되는데 영친왕의 찬조로 30만 평의 부지에 2만 엔의 자금을 부어서 3년만인 1930년 6월에 18홀 군자리 골프장(정식명칭 경성골프구락부)을 완공하게 되었습니다.

골프장으로는 5번째, 18홀 정식코스로는 최초이지만 왕실

1933.10.8자 조선일보에 실린 베비골   1930년대 군자리 골프장의 모습
프 채만식의 논평 중에서

1960년대 군자리 골프장의 모습

의 땅 특히, 왕가의 무덤(효창원은 정조의 첫째아들 문효세자 묘, 청량

리코스는 경종(景宗, 1688~1724 재위: 1720~1724)의 능인 의릉(懿陵)

터, 군자리는 순종의 세자비 유강원 터에 골프장을 짓는 것이

온당했는지는 살펴봐야겠죠. 맨 앞의 사진이 당시 18홀 코스
와 거의 일치합니다.

필름이 현존하는 가장 오래된 한국 영화인 1934년에 개봉
한 '청춘의 십자로'(감독 안종화)에 군자리 골프장의 모습이 보이
구요. 군자리 골프장은 이후 1941년 태평양전쟁이 발발하면서
군사훈련장으로 쓰이면서 폐지되었고 1950년에 재개관까지
긴 잠을 자게 됩니다.

서울, 광진 천년을 살다

마장, 군자리 골프장, 어린이대공원(2)

군자리 골프장

제가 예전부터 글에 적어 놓은 것처럼 광진구의 대부분 특히 구의동, 광장동을 제외한 옛 마장 지역은 대부분 왕의 소유지(사복시 관할)였습니다. 아차산도 대부분 그랬고요. 현재도 친일파를 단죄했다 안 했다 말들이 많은데요. 가장 철저하게 단죄당한 친일파 집단은 누구일까요?

조선 시대를 경영했던 이왕가(李王家)였습니다.

고종은 8남 3녀를 얻었지만 3남 1녀만이 성인까지 살아남죠. 그들이 바로 민비(명성황후) 소생인 순종, 궁녀 장(張) 씨 소생인 의친왕, 엄비(嚴妃) 소생인 영친왕, 귀인 양(梁) 씨 소생인 덕혜옹주(德惠翁主, 1912~1989)입니다. 고종 이후에는 순종이 왕위를 이었고 자식이 없었던 순종은 의친왕(義親王=이강李堈, 1877~1955)을 건너뛰고 영친왕(英親王=이은李垠, 1897~1970)을 후계자로 삼았습니다.

황실가족 사진(왼쪽부터 의친왕, 순종황제, 덕혜옹주, 영친왕, 고종황제)

그런데요.

1910년 경술국치(한일합방 등) 뭐라고 불리던 간에 일본에게 나라가 빼앗긴 후에도 일본은 조선왕실에 일본왕(천황)인 황족의 다음 계급으로 왕족이라 하여 통치권만 빼앗았지 나머지 토지 등에 권리는 그대로 인정해주는 정책을 폅니다. 친일에 앞장선 이들의 재산권도 보장하구요. 그래서 일본은 고종의 아들들을 친왕으로 우대하면서 막대한 지원금을 아끼지 않았

서울, 광진 천년을 살다

고 군인 장성급으로 우대해 줍니다. 당시 조선인으로는 최고 계급이었죠. 이들을 통해 군자리 골프장과 여기에 있던 이들의 소유였던 토지가 어떻게 바뀌게 되었고 광진의 경관에 어떤 영향을 미치는지 알아봅시다.

지난번에 언급했듯이 군자리 골프장은 1904년 순종의 첫째 부인(순명비)이 태자 빈(嬪)으로 있을 때 사망하자 무덤으로 제공되어 유강원이라는 이름으로 이 지역이 군자리에서 능동이 되는 계기가 되었다고 했지요.

이후 나무들이 없고 넓은 평평한 잔디밭. 어디가 생각나시나요. 왕실의 능묘죠. 효창원(孝昌園: 정조의 첫째아들 문효세자文孝世子, 1782~1786)와 어머니인 최근 드라마 '옷소매 붉은 끝동'의 주인공 의빈 성씨宜嬪成氏의 무덤), 청량리 의릉(懿陵: 조선왕 영조의 형인 경종의 무덤), 터에 골프장을 건설하고도 1930년에는 영친왕이 경성골프구락부에 군자리 땅 30만 평을 기부하는 형식으로 군자리 골프장이 생깁니다. 모두 이왕가(李王家) 사유지의 땅을 기부하는 형식으로 지어집니다. 군자리 골프장은 이후 1941년 태평양전쟁이 발발하면서 글라이더장 등 군사훈련장으로 쓰이면서 폐지되었고 1945년 원했던 원치 않았던 간에 해방이 되고 일본이 물러갑니다.

자, 이제 이왕가는 어찌될까요?

영친왕의 일제말기 군 계급이 별 세 개인 중장으로 일본 항공방위군 총사령관이었습니다. 일본을 점령한 미군은 일본 왕가를 제외한 모든 귀족의 직책을 폐지합니다. 한반도의 미군정과 새로 성립한 대한민국 정부는 역시 이왕직의 땅 1억 5,519만 8,532평(1968. 이왕가세습재산유서조. 국회도서관 참고로 512 제곱킬로미터 정도의 넓이이구요. 지금 서울 넓이가 602제곱킬로미터, 광진구의 넓이가 17.2제곱킬로미터이니까 가늠해 보세요)을 구황실재산관리총국(나중에 문화재관리국)이라는 관청을 두고 국유화를 시도하고 국회에서 법제화 합니다. 아편 중독과 사치를 일삼던 이왕가 사람들은 하루아침에 땅만 많이 가진 거지가 됩니다. 법제화되기 전에 팔아야 했기에 대표적으로 1948년 일본에 가서 살림이 어려운 영친왕에게 태릉 주변의 땅을 산 삼육대학교 관계자나, 1948년 종로 흥선대원군 집터였던 운현궁을 덕성여대 설립자에게 판 일, 이승만의 모교였던 배재학당을 재개교할 때 부지도 헐값에 넘겨졌던 예가 그것입니다. 문제는 정당한 지불을 했다는 측과 술 먹은 사이에 형편없는 가격에 사기를 당했다는 영친왕의 주장만 있지만요. 아! 이 당시 영친왕은 1963년까지 일본에 있었죠.

당시 공화국을 만든 남북의 정치지도자들과 국민들도 일제 강점기에 호의호식(好衣好食)하던 이들을 곱게 보지도 않았습니다. 일본에 있던 영친왕, 덕혜옹주는 무국적자(無國籍者)가 되어 1960년대가 되어서 돌아오고 의친왕 같은 경우는 영양실조에 허덕이다 가난하게 생을 마감하고 시신은 옮겨지긴 하지만 1955년 잠시 화양동 건국대 예술디자인 대학 맞은편 서쪽 언덕에 안치됩니다.

그런데 1954년 구황실 재산처리법에 따라 왕가의 재산은 모두 국유화 되었는데, 1960년에 황실재산을 관리하고 토지문서를 보관하던 창경궁내 구황실재산관리총국(현 문화재관리국) 건물이 화재로 다 타버립니다. 방화라는데 범인을 못 잡습니다. 1963년에 재조사 때 파악된 황실재산은 1억 141만 평입니다. 5,378만 평이 사라진 거죠. 한 177제곱킬로미터정도니까 광진구 면적의 10배에 달하는 땅이 사라진 겁니다. 6·25 전쟁 후 1950년대 중 후반에 세종대학교(당시 수도사범)와 건국대학교, 광장동의 장로회신학대학교 등 서울시내 건물 한 동만 있던 이들이 광진구에 자리를 잡습니다. 물론 이왕가 땅에요. 이들이 이왕가 땅을 샀다는데 실 소유자였던 영친왕은 일본에 있었고요. 워커힐도 1960년대 건립되구요. 물론 이왕가 땅이죠. 아차산의 땅들도 이때 국유화 되지만 중곡 4동 용마산에서 긴고랑까지의 땅 10만 평은 의친왕의 아들이 소유하다 1958년 팔렸구요. 화양동 느티나무 공원 부근에 있던 의친왕과 그의 어머니 장 씨의 무덤도 남양주시 금곡동 홍릉(洪陵)으로 이장되어 택지로 개발되어 흔적조차 남아있질 않죠. 효창원 인근에 자리 잡은 엄비가 무상 대여한 숙명여대는 현재도 대학 부지가 국유지로 되어버린 관계로 인해 정부와 사용료 소송중입니다. 아마도 광진구의 땅 중에서 70~80퍼센트는 이왕가 땅이었을 거라고 추측됩니다.

다시 군자리 골프장으로 갑니다.

1945년 해방이 되자 골프장 인근의 주민들은 이곳에서 농사를 짓습니다. 그러던 중 1949년 이승만(李承晩, 1875~1965) 대

제2회 서울CC 이사장배 골프대회 기념품(제일제당-현 삼성 협찬)

통령이 미군들의 레저 활동 독려를 위해 이곳에 골프장을 재개장 하라는 지시를 내립니다. 당시까지도 군자리 골프장의 소유는 당연히 이왕가 재산이었죠. 이곳에서 농사를 짓던 농민들은 골프장을 반대하고 경작권을 주장했지만 정부의 밀어붙이기로 1950년 5월 10일경 6·25 동란 한 달 전에 재개장하게 되었고 전쟁으로 중단되었다가 1953년 서울컨트리클럽이 생기면서 군자리 골프장은 이왕가의 토지소유권, 농민들의 경작권 등을 해결해야 하는 과제를 남기고 다시 개장됩니다. 다음에는 군자리 골프장의 성쇠와 캐디들의 이야기를 해보겠습니다.

서울, 광진 천년을 살다

마장, 군자리 골프장,
어린이대공원(3)

덕춘상과 명출상을 아십니까?

이걸 아시는 분들이 있으면 그래도 한국에서 골프를 제법 잘 아시는 분들일 겁니다. 예나 지금이나 상류층의 문화나 일상은 일반 사람들에게 동경이나 신분상승(?)의 꿈으로 다가오고 이루려는 의지를 갖게 하지요. 1930년대 너른 능묘 잔디밭에 부자들이 모이자 군자리 능리 주변의 사람들은 잔디밭을 가꾸거나 배고픈 어린이들은 골프가방을 들고 당시의 모던 보이들을 따르는 캐디가 되었습니다.

우리나라 캐디의 역사는 1920년대 초반 경성 효창원골프장(9홀)에서 주인, 사장을 모시던 몸종이나 사환이 클럽 가방을 끌던 것이 그 시작이었고요. 그 중 화양리의 가난한 소년 연덕춘(延德春, 1916~2004)은 골프 캐디를 하던 조카의 권유로 16살에 군자리 골프장에서 캐디를 시작하게 됩니다. 남다른 노력으로 그는 1935년 일본에서 한국인 최초의 프로 골퍼 자격을

1921년 효창원골프장 캐디 소년의 모습

1930년대 군자리 골프장 캐디소년의 모습

1954년 군자리 골프장 캐디

1960년대 군자리 골프장 남성 골프캐디

취득했고 1941년 태평양 전쟁 직전에 일본 오픈에서 최초의
식민지 출신으로 우승을 하게 됩니다.[14] 당시는 마라톤 손기정
(孫基禎, 1912~2002), 자전거 엄복동(嚴福童, 1892~1951)과 함께 대
중들의 열렬한 환영을 받았다고 합니다.

그는 1940년대 태평양 전쟁과 해방정국의 혼란 속에 선수
생활을 멈추었지만 이후 폐허가 된 군자리 골프장 설계, 국내
의 프로골퍼 육성 등 우리나라 골프의 선각자로서 사시다가
2004년 돌아가십니다.

특히 그는 화양동, 군자동, 능동 출신 후배들을 육성하는데
힘을 쓰는데 이 중에 우리나라 2호, 3호 프로 골퍼로서 박명출
(1929~2009)과 한장상(1938~) 프로 등이 있습니다. 참고로 우리
가 흔히 알고 있는, 한국 골프계의 전설로 불리는 선수들 중에
는 캐디 출신이 많습니다. 한국프로골프협회(KPGA) 고문인 한
장상(군자리골프장)을 비롯해 최상호와 박남신(모두 뉴코리아골프
장) 그리고 한국여자프로골프협회(KLPGA) 강춘자 수석부회장
(뚝섬골프장)과 고인이 된 구옥희(具玉姬, 1956~2013, 123골프장) 역
시 캐디로 출발한 선수들입니다.

덕춘상은 매년 연말 한국프로골프(KPGA) 투어 대상 시상식
에서 시즌 총 라운드의 40퍼센트 이상 소화한 선수 가운데 최
소 평균타수 선수에게 주는 상입니다. 꾸준한 성적이 수상의
조건인 이 상은 연덕춘의 업적을 기리기 위해 1980년부터 시
상되고 있습니다.

일본 오픈에서 우승 트로피를 들고 있는
연덕춘(1941년)

독립기념관 등록문화재
제500호 연덕춘골프채

명춘상은 한국프로골프협회(KPGA) 코리안투어 최고 신인에
게 주는 신인상으로 제3, 4대 KPGA 회장을 역임했고 6·25전
쟁 후 최초의 한국인 출신 골프 우승자였던 박명출(1929~2009)
의 이름을 따 1993년 제정됐습니다. 모두 화양동, 군자동에 사
시던 광진 분들이죠. 식민지와 이념 전쟁으로 얼룩진 근대사
에서 조상이나 부모의 덕택이 아닌 밑바닥부터 정상까지 올라
선 그들이 진정한 한국인이 아닐까 합니다.

한편 군자리 골프장은 1950년대는 미군들이, 5·16 군사 쿠
데타이후에는 박정희(朴正熙, 1917~1979)를 위시한 군부세력과
태동하기 시작한 한국의 초보 재벌가의 놀이터가 됩니다.
1966년부터는 박정희 대통령이 친히 골프를 치는 곳이 되었
고요. 배우기는 경복궁에 개인 골프장을 만들어 배웠다고 합

군자리 골프장에서 골프를 치는 박정희 대통령과
미국 부통령

니다. 그의 골프 원칙은 네 가지.

1. 퍼팅은 들어가던 말든 한 번만.
2. 내 앞에 골프 치는 사람이 없을 것.
3. 티샷을 잘 못 치면 무조건 다시.
4. 캐디는 클럽에서 제일 예쁜 아가씨로.

1960년대 후반부터 여성캐디가 많아진 이유 중 하나라고
합니다. 관리 주체인 컨트리클럽이 경성CC에서 서울CC로 이
름이 바뀌는데 1960~70년대 당시 이사장들의 면면입니다. 박
두병(朴斗秉, 1910~1973, 두산그룹 2세)-김종락(金鍾洛, 1920~2013, 김
종필의 형)-김성곤(金成坤, 1913~1975, 공화당 재정위원장, 쌍룡그룹 창립

자)-김형욱(金炯旭, 1925~1979, 안기부장).

　한편 군자리 골프장이 이왕가에서 문화재관리국, 다시 서울 CC로 소유권이 넘어간 것은 공식적으로 1972년입니다. 1972년 이후 군자리 골프장 이야기는 다음 장에서 언급하겠습니다.

마장, 군자리 골프장,
어린이대공원(4)

어린이대공원

이제 어린이대공원입니다.

지난번 글에서 언급했듯이 군자리 골프장의 소유권이 이왕가에서 문화재관리국 관할의 국유지 다시 서울CC로 소유권이 넘어간 것은 공식적으로 1972년입니다. 박정희 대통령이 골프장을 어린이대공원으로 만든 데에는 몇 가지 추측이 있습니다.

1. '1970년 12월 4일 서울시청에 들른 박정희 대통령은 양택식(梁澤植, 1924~2012, 1970~74 재임) 서울시장에게 서울컨트리클럽 부지를 매입해 어린이들을 위한 놀이터를 지으라고 지시했다.'가 처음 언급되었다고 하지만 어린이대공원 건설계획이 발표된 1971년 4월 20일은 제7대 대통령 선거 일주일 전에 공식적으로 발표됩니다.

2. 1972년 7·4남북공동성명에 앞서 북한에 특사로 갔던 이후

어린이대공원 기공식(1972.11.3)

락(李厚洛, 1924~2012) 정보부장이 평양 모란봉과 대성산에 있는 대규모의 공원들을 보고 와서 박정희 대통령에게 건의하여 어린이대공원을 조성하게 됐다는 이야기가 있습니다.

두 가지 모두 사실이라고 본다면 당시 남북대결 상황에서 체제 우위의 선전과 (어떤 이유인지 알아도 말 못하는) 워커힐을 유독 좋아하셨던 박정희 대통령의 의도가 겹쳐지면서 서울컨트리클럽 골프장이 어린이대공원으로 변모하게 되었습니다. 하지만 열악한 재정상황에서 국가재정이 아니라 서울시에서 매입하라고 지시한 사정에서 보듯이 빠듯한 서울시 재정으로는 매우 어려운 상황이었다고 합니다.

서울CC는 경기도 양주 원당으로 이전하여 한양컨트리클럽과 합병하게 됩니다(이때부터 지금까지 두 컨트리클럽은 서울과 한양으

1973년 어린이 대공원 시설 설치 협찬 기업 신문광고(경향신문)

로 클럽이 나뉘어 한 골프장에 두 곳의 클럽이 되어 으르렁거리지만요).

양택식 서울시장의 주도하에 1972년 11월 3일 기공식이 열렸고, 그는 1973년 5월 5일 어린이날에 개원하기 위해 양 시장은 1백 80일 작전을 선포했습니다. 양택식 서울시장은 대기업들을 찾아다니며 각종 시설물 기부를 부탁하고, 아예 서울시와 경향신문이 공동으로 '시민 헌수(獻樹) 및 어린이공원 시설물 보내기' 운동까지 벌이게 됩니다.

현대건설주식회사 회장 정주영(鄭周永) 어린이 헌장비 1점,

어린이 대공원 터의 순명황후 유강원(1926년)

400만 원 상당/ 삼양사 사장 김상홍(金相鴻) 미끄럼틀 1점, 250
만 원 상당/ 대성산업주식회사 사장 김수근(金壽根, 1915~2001)
벤치 100점, 150만 원 상당…. 이런 식의 명단이 신문에 실렸
습니다.

어린이대공원은 1973년 5월 5일 어린이날에 맞추어 당시로
서는 동양 최대의 규모로 개원하게 됩니다. 박정희 대통령은
직접 쓴 어린이대공원 정문 현판과 '어린이는 내일의 주인공.
착하고 씩씩하며 슬기롭게 자라자'라는 친필이 새겨진 커다란
돌이 사람들을 맞이했습니다.

대공원 곳곳에는 많은 동상들이 숨어있는데 이것들을 찾는
것도 대공원을 둘러보는 쏠쏠한 재미입니다.

대공원에 있는 동상들의 면면을 보면 생존연대 순으로 보면
을지문덕(乙支文德, ?~?) 박연(朴燕, 1595~? 벨테브레), 유관순(柳寬順,
1902~1920), 방정환(方定煥, 1899~1931), 김동인(金東仁, 1900~1951),
이승훈(李昇薰, 1864~1930), 조만식(曺晩植, 1883~1950) 송진우(宋鎭

서울, 광진 천년을 살다

1932년 군자리 골프장 클럽하우스

禹, 1890~1945), 백마고지 삼용사, 존 B. 콜터(John Breitling Coulter, 1891~1983) 미국 장군, 저는 이렇게 찾았는데 더 있을지도 모릅니다.

그중 벨테브레 동상에 대해서 말씀드리고자 합니다.

임진왜란이 끝나고 일본은 1580년대부터 1600년 중반까지 세계에서 은을 세 손가락 안에 많이 생산하는 나라가 됩니다. 이유는 1500년대 초반 조선 함경남도 단천(端川)에서 개발된 연은분리법(납광산에서 납과 은을 온도 차이를 이용해서 은을 분리해내는 방법)이 일본으로 전래되면서 비약적으로 은 생산량이 증가하게 되었다고 합니다.

은이 필요한 서양의 대항해 세력들은 필리핀, 마카오를 거점으로 일본까지 몰려들게 되죠. 1600년을 전후로 해서 일본 정부는 조총을 전수해 준 포르투갈을 멀리하게 되면서 서양의 일본 무역은 네덜란드가 우위를 가지게 됩니다. 포르투갈은

어린이대공원에 있는 박연(벨테브레) 동상

무역보다도 가톨릭 전파에 열을 올리는 정책을 쓴 반면 신교
도 국가인 네덜란드는 종교전파에 그다지 열을 올리지 않았기
때문입니다. 1582년 포르투갈인은 중국으로, 광해군 때 통영
으로 표류한 만이(서양 오랑캐)를 일본으로 돌려보냈다는 기록
이 있고 1628년 제주도에 표류한 벨테브레이도 마찬가지였습
니다. 그의 본명은 얀 얀스 더 벨테브레이(Jan Janse de Weltevree)
였고 성인 벨테브레이는 박(朴)으로 얀 얀스라는 이름은 연(燕)
이라는 이름으로 박연이 되고 한국에 정착하여 무관으로 살다
사망했고 결혼하여 자녀도 있었다고 합니다. 그는 동인도 회
사의 간부급 선원이었지만 고향으로 돌아가지 않고 청나라와
의 전쟁기간 동안 화포기술을 전수하면서 대략 73세까지 살았

144

한국 현대 건축 14위에 오른 어린이대공원의 꿈마루

다고 전해집니다. 1653년 표류한 『하멜표류기』에도 기록이 남아있고요. 이 동상은 1988년 서울올림픽을 앞두고 박연의 고향인 네덜란드 더레이프 시에서 제작해 1991년 한국에 기증했고 고향에도 같은 동상이 있다고 합니다.

어린이대공원에는 이전 골프장 시절의 건물이 하나 남아있습니다. 건축가 나상진(羅相晉, 1923~1973 호 소조素潮)의 작품인 '꿈마루'입니다. 실제 대학 전공을 하진 않았지만 일제 강점기 시절 일본에서 건축을 배워서 1960년대와 1970년대 이문동 안전기획부 건물, 새나라자동차 부평공장, 경기도청사, 영빈관 의장설계, 서울컨트리클럽하우스, 제일은행 인천지점, 워커힐 건물 일부 등 한국의 여러 건물을 설계했던 이입니다. 대공원의 꿈마루는 당시 1930년대 지어진 유강원 군자리 골프장 클럽하우스를 허물고 1968년에 막 완공을 한 후에 대공원의 관리 사무실로 변모한 비운의 건물입니다. 하지만 50년이 넘는 이 건물은 2000년대 중반 철거 여부를 논의하다 현대 건축의 아름다움을 재평가 받아 리모델링을 거쳐 공개하게 되면서 한국 최고의 현대 건축 14위(2013년, 동아일보+『공간』 조사)로 선정될 정도로 멋진 건물입니다.

대공원은 처음에 30만 평(약 99만 제곱미터)의 영친왕 기부로 시작했지만 현재 넓이는 53만 6천 제곱미터밖에 되질 않습니다. 나머지는 어딜 갔을까요?

한 곳은 어린이회관으로 잘려 나갔습니다. 1960년대 중반에 남산에 있던 일본 신사 터를 육영재단이라는 이름으로 어린이회관을 만들었다가 1975년 합법적인(?) 토지교환 방식으로 13만 제곱미터가 육영수 여사-박근혜-박근영으로 이어지는 육영재단으로 넘어갔죠. 운영부실로 건물만 있는데 대략 수조 원에 달하는 금싸라기 땅입니다. 서울시에서 사서 공공임대주택으로 사용한다는 말도 있습니다. 1972년 당시 대공원 전체의 골프장 토지 매입 대금이 24억 원 정도였는데 어린이회관 현재 부지 땅 값만 수조 원이면 뭐니 뭐니 해도 땅이 제일 남는 듯합니다.(?)

다음으로 잘린 부분은 아차산역 방향에 있는 통일교 소유의 유니버설 발레단, 선화예중·고교 건물입니다. 1960년대 반공을 이데올로기로 급속하게 교세가 팽창한 문선명(文鮮明, 1920~2012)의 신흥종교 통일교 세력에게 불하된 이유는 공식적으로는 모릅니다. 그러나 당시 정부의 국유재산 관리의 단

편을 보여준다 하겠습니다.

자, 어린이대공원의 간단한 이력으로 글을 마치겠습니다.

- 기원 전후~200년: 마한.
- 200년 전후~400년 전후: 백제 근초고왕 강북 위례성 백제 영토.
- 413년~550년 전후: 고구려 백제 각축장.
- 550년~900년 전후: 신라.
- 935년~940년 전후: 견훤 왕건에게 항복 후 견훤 봉지.
- ~1392년: 고려 시대 견주, 좌신책주, 양주.
- 1394년~1904년: 조선왕조 목마장(양주에서 성저십리 밖 양주, 왕 직할지).
- 1904년~1927년: 순종 황후 순명효황후 묘(유강원) 1926년 순종 사망 후 유릉으로 이장.
- 1927년~1941년: 영친왕 골프장으로 기증, 군자리 골프장.
- 1941년~1945년: 일본군 글라이더 군사훈련장.
- 1945년~1954년: 이왕가 재산 국유화로 몰수. 지역 농민 농경지로 사용.
- 1954년~1973년: 서울컨트리클럽 골프장.
- 1973년~현재: 어린이대공원(서울시), 어린이회관(육영재단), 유니버설 발레단(통일교).

광진구 인물들

광진구의 역사적 인물하면 누가 떠오르십니까?

우리나라 역사를 통틀어 광진구에 거주했거나 지나쳤다고 보는 인물들을 나열해 봅시다.

근초고왕을 위시한 백제의 왕들···. 고구려 광개토대왕, 장수왕, 신라 진흥왕, 김유신, 고려조를 보면 고려 태조 왕건에게 이 지역을 하사받은 견훤, 1010년 거란(요)의 2차 침입 때 나주로 피난 가던 현종, 고려 멸망에 눈물을 흘리던 목은 이색(牧隱 李穡, 1328~1396)도 광진을 지나갔습니다.

조선왕조에 들어서면 이곳에 목마장을 세웠던 태조 이성계, 퇴위한 태종 이방원을 위해 자양동 낙천정 이궁과 화양정을 지었던 세종 그리고 대마도 정벌의 장군들···. 단종은 강원도 영월로 가기 전에 화양정에서 하룻밤을 보냈고, 사냥을 위해 세조, 성종, 연산군, 중종도 광진을 많이 찾았지요.

귀향하는 퇴계 이황(退溪 李滉, 1501~1570)을 송별하는 송강 정철(松江 鄭澈, 1536~1593)도 이곳을 들렀으며 지금의 워커힐 근처의 고지대에는 고관들의 별장이 정선의 그림 속에 남아 있습니다.

임진왜란의 명장 전라우도수군절도사 이억기(李億祺, 1561~1597) 장군의 고향도 이 근처로 보이고, 그의 무덤도 있었지요. 인조도 1635년 12월에 이곳을 지나 남한산성으로 몽진(蒙塵: 임금이 난리를 피하여 다른 곳으로 옮김)했구요. 드라마 '마의'에 나오는 유명한 의원 백광현(白光炫, 1625~1697)도 광진 목마장에서 말을 고치는 의원으로 있었을 것입니다.

'동창이 밝았느냐'로 시작되는 시조를 지은 남구만(南九萬, 1629~1711)도 광장동에 살았다고 하며, 그나마 왕권이 회복된 영조는 어린 손자인 정조 이산(李祘)을 데리고 여주에 있는 세종대왕 능묘(영릉) 성묘차 광진나루를 지나갔고, 뚝섬나루를 통해 성종 중종의 능묘(선정릉) 능행길의 길목이기도 했습니다.

백 년 안팎 쪽의 근현대사의 인물들로 보자면 고종의 부인들 중 의친왕의 어머니 장(張) 씨의 무덤이 화양동 주민센터 주차장에 있었고, 1884년 임오군란 시 한양을 탈출한 명성황후, 고종의 둘째아들 의친왕 역시 잠시 화양동에 무덤으로 누워 있었으며, 고종의 며느리이자 순종의 부인인 민 씨의 무덤 유강원(裕康園), 왕가의 사유지인 목장지를 골프장으로 쳤던 영친왕도 광진과 연관이 많았습니다.

그 다음에는 어떤 이들이 있었나 하고 고찰해 보니 모윤숙

1940년 전후의 모윤숙

(毛允淑, 1909~1990)과 김성숙(金星淑, 1898~1969)이라는 인물이
있었습니다.

두 인물을 통해 일제침탈기와 해방공간에 마주선 두 인물을
통해 역사의 기억과 바른 가치를 생각해 보고자 합니다.

모윤숙

모윤숙(毛允淑, 1910~1990)은 『한국민족문화대백과사전』에서 보
면 일제강점기 『옥비녀』·『정경』·『빛나는 지역』 등을 저술한
시인. 친일반민족행위자라고 나옵니다.

그럼, 모윤숙의 작품을 봅시다.

동은 새로 밝고
바람은 다시 맑아졌습니다.
훤한 하늘 새로
힘차게 날으는 독수리 나래

《매일신보》(1942.3.9)에 실린 모윤숙의 〈어머니의 힘〉

처다보며 처다보며 호흡을 준비합니다.

〈중략〉

저 날카로운 바람 새에서

미래를 창조하는

우렁찬 고함과

쓰러지면서도 다시 일어나는

산- 발자국 소리를.

우리는 새날의 딸

동방의 여인입니다.

　　　　　－「동방의 여인들」, 〈신시대〉(1945년 1월 2일 자)

고운 피 고운 뼈에

한번 새겨진 나라의 언약

아름다운 이김에 빛나리니

적의 숨을 끊을 때까지

사막이나 열대나

솟아 솟아 날아가라.

사나운 국경에도

험준한 산협에도

네가 날아가는 곳엔

꽃은 웃으리, 잎은 춤추리라.

- 「어린 날개-히로오카(廣岡) 소년 항공병에게」,

〈신시대〉(1943년 12월호)

우리는 높이 펄럭이는 일장기 밑으로 모입시다. 쌀도, 나무도, 옷도 다 아끼십시오. 나라를 위해서 아끼십시오. 그러나 나라를 위해서 우리의 목숨만은 아끼지 맙시다. 아들의 생명 다 바치고 나서 우리 여성마저 나오라거든 생명을 폭탄으로 바꿔 전쟁마당에 쓸모 있게 던집시다.

- 「여성도 전사다」, 〈대동아〉(1942.5)

대동양의 큰 이상 두 팔 안에 꽉 품고

달리어 큰 숨 뿜는 정의의 용사

그대들은 이 땅의 광명입니다.

대화혼(大和魂) 억센 앞날 영겁으로 빛내일

그대들이 나라의 앞잡이 길손

피와 살 아낌없이 내어 바칠

반도의 남아 희망의 화관(花冠)입니다.

– 「지원병에게」, 〈삼천리〉(1941년 1월호)

해군모 쓰고 군복 입고 나오란다.

대동아를 메고 가란 힘찬 사명이

넓은 바다 한가운데서 너를

부른다.

사나운 파도 넘어

네 원수를 물리쳐라.

너는 아세아의 아들

대양의 용사란다.

– 「아가야 너는 – 해군기념일을 맞이하여」,

〈매일신보〉(1943년 5월 27일자)

사실 나는 육군지원병제가 공포될 때보다 이번 해군특별지원병제가 공포될 때 더 감격이 되었습니다. … 우리 반도의 남자들은 지금까지 큰일, 즉 나라를 위하여 바다에 떠본 일이 없다고 해도 과언이 아닙니다. ……나는 어서 해군모의 키 큰 자태가 우리 동리에 나타나기를 바랍니다. 만약 내게 아들이 태어난다면 나는 꼭 해군되기를 빌겠습니다. 사나이다운 사나이,

그는 오직 해군에서만 찾을 수 있는 기품일까 합니다.

- 「해군의 얼굴」, 〈춘추〉(1943년 6월호)

오냐! 지원을 해라 엄마보다 나라가

중하지 않으냐 가정보다 나라가 크지 않으냐.

생명보다 중한 나라 그 나라가

지금 너를 나오란다. 너를 오란다.

조국을 위해 반도 동포를 위해 나가라.

폭탄인들 마다하랴 어서 가거라.

엄마도 너와 함께 네 혼을 따라 싸우리라.

어머니여! 거룩한 내 어머니여!

찬 들에 구르거나 진흙에 파묻히거나

내 나라의 행복을 위함이어니

설워 마소서.

내가 가면 아세아의 등불이 되어

번개가 되어 광명이 되오리다.

- 「내 어머니 한 말씀에」, 〈매일신보〉(1943년 11월 12일자)

그러나 님이여!

한 줄기 피의 자손

그 얼굴 그 얼굴 같은 얼굴들

제 나라 위해 모이는 장사들

무에 서먹하리까 맘 놓고 손잡으사

앞으로 앞으로 저 원수 물리치소.

〈중략〉

오늘부터 이 몸은 공장 색시 되어서

서방님 달리던 길 아침저녁 걸으며

나라 위해 왼 정성 이바지하려 하오.

님이 쓰실 총포탄을 내 손수 만들려오.

ㅡ「신년송(新年頌)-금녀의 노래」,

〈매일신보〉(1945년 1월 2일 자)

산 옆 외따른 골짜기에

혼자 누워있는 국군을 본다

아무 말 아무 움직임 없이

하늘을 향해 눈을 감은 국군을 본다

나는 죽었노라 스물다섯 젊은 나이에

대한민국의 아들로 나는 숨을 마치었노라

질식하는 구름과 바람이 미쳐 날뛰는 조국의

산맥을 지키다가

드디어 드디어 나는 숨지었노라...

ㅡ「국군은 죽어서 말한다」, 〈풍랑〉, 1951

일본 제국주의 시절 이화여전(이화여자대학교 전신)을 졸업한 모윤숙은 이광수(李光洙, 1892~1950)를 애모하고, 학교 교사, 방송국 직원 등을 하면서 시인으로 문필생활을 합니다. 1934년

고위급 관리와 미군 장교들과 낙랑 클럽의 한때! 뒷줄 맨 왼쪽
이 모윤숙이고 맨 오른쪽이 김수임이다.

초대 문교부 장관이었던 안호상(安浩相, 1902~1999)과 결혼하지
만 딸 하나만 두고 얼마 후 헤어집니다. 1940년대 일제시대의
활동은 위의 작품을 참고하시면 됩니다.

　해방 후 아주 드물게 친(親) 이승만 계열의 지식인 그룹으로
남한의 단독정부 수립과 극우파 정치집단에 적극적으로 참여
합니다. 특히 1946년경에는 영어를 할 수 있는 이화여전 출신
고급 인텔리 여성 150여 명으로 구성된 낙랑클럽(총재 김활란金
活蘭, 회장 모윤숙)을 만들어 미군정 장교들의 사교장(?)을 조직합
니다. 미군 CIC도, 당시 조사 보고서에서 낙랑클럽을 '로비를
위한 고급 호스티스 단체'로 규정합니다.

　해방 이듬해인 1946년, 남한의 우파 정치인들과 친분이 두
텁던 모윤숙이 주동이 되어 발족한 낙랑클럽은 미군 고급 장

교와 한국 정치인을 상대한, 기지촌과는 비교할 수 없는 사교 클럽이었다. 고구려 시대 낙랑공주와 같이 고귀한 신분을 가진 여성들만이 선택되어 입회되었던 것이다.

미군을 만난다지만 상대는 미 군정청의 실력자들인 장성급, 고급 장교에 한정되었고, 남한에 들어와 있던 각 나라 외교관과 유엔 산하 각종 단체장이었다. 사교적인 파티에 참석하여 그런 외국인들로 하여금 남한에 호의를 갖게 만드는 역할을 했다. 그러다 보니 이화 출신을 중심으로 한 달 만에 백여 명이 낙랑클럽 회원으로 지원했다. 그들 중에는 정부가 수립되고 장관급에 오른 주요 정치인의 부인들도 다수 포함되어 있었다.

(…) 낙랑클럽이 처음 발족했을 때는 회현동에 있던 모윤숙의 집에 회원들이 모였으나 미 군정청과 선을 대고 있던 우익 정치인이 주선하여 일본인 호화 저택을 적산가옥으로 불하받았다. 회원들이 그 저택의 넓은 다다미방에서 자주 모임을 가졌다. 클럽 운영의 리더였던 모윤숙은 사교적인 호탕한 기질을 십분 발휘하여 위트와 유머 섞인 이야기로 대부분 이화 후배인 회원들을 사로잡았고, 항상 옆에 있던 김수임은 명랑한 웃음으로 분위기를 즐겁게 했다.15

1948년 유엔한국위원단의 의장으로 한국을 찾은 인도인 메논(K.P.S. MENON)은 대한민국의 건국사에서 결정적 역할을 한 인물인데요. 메논은 한국 도착 이틀 후 서울운동장에서 열린 환영대회에서 "북한에도 애국적인 지도자가 있으며, 독립도 중요하지만 한국 사람들은 단합하여 남북 통일정부를 수립해

15)
전숙희, 『사랑이 그녀를 쏘았다』, 정우사, 2002

야 한다"고 연설하며 미·소에 치우치지 않았던 식민지에서 막 독립한 인도의 중립적인 입장을 피력합니다.

이승만은 그의 마음을 사로잡기 위해 시인 모윤숙에게 특별한 사명을 줍니다. 시와 문학에 대한 교감으로 메논과 우정을 나누었다는데 모윤숙(메리언 모)와 메논이 국제호텔에서 자주 출몰했다는 당시 기록도 보입니다. 모윤숙은 메논 의장이 뉴욕의 유엔총회 소위원회로 떠나기 직전에도 차 안에서 마지막 설득을 하였고, 이승만은 모윤숙의 이름으로 수차례 뉴욕으로 전보를 보낸 결과 메논의 의견은 남북 연합 선거에서 남한단독선거 지지로 입장이 바뀌게 됩니다. 후일 메논은 자서전에서 "외교관으로 있던 오랜 기간 동안 나의 이성(reason)이 심장(heart)에 의해 흔들린 것은 내가 유엔 조선 임시 위원단 단장으로 있던 그때가 처음이자 마지막이었다. 나의 심정을 흔들었던 여성은 한국의 유명한 여류 시인 '매리언 모(모윤숙)'였다."라고 말합니다. 이후 "건국의 아버지는 크리슈나 메논이고 건국의 어머니는 모윤숙이다"라는 말도 퍼졌다고 합니다.

낙랑클럽 회원 중에 김활란(金活蘭, 1899~1970), 모윤숙 외에 김수임(金壽任, 1911~1950)이라는 사람도 보입니다. 그녀도 이화여전 출신의 유창한 영어 실력을 자랑하는 인텔리였다고 하는데요. 1947년에는 미 헌병대 소속 존 베어드 대령과 동거를 하면서 아들을 낳기도 했지만, 남로당 거물 이강국(李康國, 1906~1956)을 북으로 피신시키고 미군의 철수 계획을 북에 넘겼다는 혐의로 고문 끝에 자백하고 6·25 직전 총살당합니다. 그런데

1947년도 김수임의 모습

그녀가 체포된 곳이 모윤숙의 집이었습니다(당시 미군부대 안 베어드 대령 숙소에서 기거하던 그녀가 왜 모윤숙의 집으로 갔는지는 여러 가지 설이 있습니다). 이강국도 이후 북에서 미국의 스파이라는 혐의로 사형당하고, 김수임도 사형당하지만 미군 대령은 본국으로 가서 3개월 동안 CIA에서 조사받지만 무혐의로 풀려나고 이 둘의 아들 김원일 씨는 미국에 교수님으로 살고 있다죠.

1950년 6·25 당시 모윤숙은 이승만이 자기는 대전으로 도망가면서 서울사수를 외칠 때 이를 믿고 선무방송을 하다 피난 시기를 놓쳐서 곤욕을 치렀다고 합니다. 구사일생으로 살아남고 쓴 시가 '국군은 죽어서 말한다'라고 합니다.

이후 모윤숙은 화양동 131번지(군자로 30-1)에 1957년부터 살기 시작하여 1983년 노환으로 발병 시까지 살았다고 합니다. 그 기간 동안 모윤숙은 이화여대 교수, 국제 펜클럽 한국본부 회장, 1971년 민주공화당 국회의원, 국민훈장모란장, 3.1

1950년 피난 후 모윤숙

말년의 모윤숙

문화상, 금관문화훈장을 받았습니다.

　그러나 민족문제연구소의 『친일인명사전』에 총 12편의 친일 작품이 밝혀져 2002년 발표된 친일 문학인 42인 명단에 포함되어 있으며 친일반민족행위진상규명위원회가 발표한 친일반민족행위 705인 명단에도 포함되었습니다.

광진구에서는 화양동 느티공원에 모윤숙 시인의 시를 공원 게시판에 전시하다 2014년 친일반민족행위자 명단 등재 등의 논란으로 삭제한 바 있습니다.

광진구의 인물 근현대사
– 진정한 자주독립과 혁명이란….

김성숙

1970년 4월 12일, 노산 이은상(鷺山 李殷相, 1903~1982)은 묘비명에 다음과 같이 새기며 운암 김성숙(雲巖 金星淑, 1898~1969) 선생을 추모했습니다.

운암 김성숙

"조국 광복을 위해 일본 제국주의에 항쟁하고 정의와 대중 복리를 위해 모든 사회악과 싸우며 한평생 가시밭길에서 오직 이상과 지조로써 살고 간 이가 계셨으니 운암 김성숙 선생이시다. 1898년 평북 철산 농가에서 태어나 어려서부터 강개한 성격을 가졌더니 기미년에 옥고를 치른 뒤 사회운동에 가담했다가 마침내 26세 때 중국으로 망명했다. 중국

중산대 정치학과를 마치고 베이징, 광동, 상하이 등지에서 혁명단체의 기관지들을 편집했으며 광복운동의 일선에 나서서 혁명동지들을 규합, 조선민족해방동맹을 조직하기도 하고 뒤에 중일전쟁이 벌어지자 여러 혁명단체들을 임정으로 총 단결하여 국무위원이 되어 해방을 맞으니 48세였다. 귀국한 뒤에도 민족통일을 위해 사상분열을 막기에 애썼으며 최후에 이르기까지 20여 년 정치인으로 사상인으로 온갖 파란을 겪으면서도 부정과 불의에는 추호도 굽힘없이 살다가 1969년 4월 12일 71세로 별세하자 모든 동지들이 울며 여기 장례 지냈다."[16]

16)
출처: 한겨레온
(http://www.han-
ion.co.kr).

일본제국주의가 한반도를 침탈하던 20세기는 가히 전쟁과 혁명의 시기라 할 수 있습니다. 자본주의가 고도화됨에 따라 시장 확보를 위한 식민지 전쟁이 세계 1차, 2차 대전으로 번지며 수억 명의 사상자를 만들었으며, 이에 대한 반동으로 사회주의 혁명이 불길처럼 타오른 시기였으며 현재 진행형이기도 합니다.

한반도는 일본에 의해 나라를 빼앗기면서 독립을 쟁취하고자 하는 방법론에 있어서 민족의 힘을 기르고 민족해방을 우선시한 세력과 봉건질서를 타파하고 현대화를 민족해방과 동시에 하자는 세력이 등장하는데 이를 민족주의 세력, 사회주의세력이라 하지요. 그 이면에는 현재도 초강대국인 미국과의 결속을 우선시하는 세력도 있고 가까운 러시아, 중국과 관계

3·1운동 후 투옥된 김성숙의 모습

를 중시하는 세력도 있어서 한반도는 어정쩡하게 남북으로 갈려서 어쩌면 양 체제의 놀음에 놀아나는 실정이기도 합니다.

이때 조국의 자주적 해방을 외치던 세력이 있었습니다. 흔히 아나키스트, 의열단, 무정부주의자들이라고 양 진영에서 무시당하고 폄하되곤 하지만 그들의 기록이 없이는 민족해방운동사가 제대로 완성되진 않을 것이라는 게 제 생각입니다.

그 소용돌이에서 치열한 삶을 사신 이가 김성숙(규광奎光·충창忠昌·창숙昌淑)입니다.

1898년 평안북도 철산군에서 태어난 김성숙은 그다지 넉넉하지 않은 살림이었지만 경기도 양주로 이사 오면서 한문과 소학교 공부를 하였다고 합니다.

1916년 서간도로 망명하려다가, 일본 순찰의 제지를 받고 양평의 용문사에서 불교에 입문하여 태허(太虛)라는 법명을 받았으며, 1918년 경기도 광릉에 있는 봉선사로 들어가, 불교 교리를 공부하고 근대 사회과학에 눈떴다고 합니다.

서울, 광진 천년을 살다

3·1운동 때에는 양주, 포천 등지에서 〈독립선언서〉를 배포하다가 체포되어, 서대문형무소에서 옥고를 치렀고 옥중에서 초기 사회주의자 김사국(金思國, 1892~1926)을 통해 사회주의사상을 접하면서 1921년 출옥 후에는 조선노동공제회, 조선무산자동맹회 활동에 참여하였습니다.

1923년 초 불교계의 후원으로 승려 5명과 함께 베이징으로 가서 민국대학(民國大學) 정치경제학과에 입학한 후에는 사회주의에 관한 해박한 지식으로 한인 유학생 사회에서 이름을 떨쳤으며 신채호(申采浩, 1880~1936), 김원봉(金元鳳, 1898~1958) 등과 교류하면서 의열단(義烈團) 단원 및 한인아나키스트들과 교류하면서, 진보적인 근대정치사상을 섭렵합니다.

1923년 10월에는 불교유학생회(佛敎留學生會)를 조직하여 학술연구, 자유, 평등의 신사회 건설을 표방하였으며 루쉰(魯迅, 1881~1936)같은 저명한 지식인들과 교류합니다.

1924년 2월 불교유학생회 소속 사회주의계열의 학생들과 학생구락부(學生俱樂部)를 결성하고 회장이 되어, 베이징 지역 한인 유학생사회 내에서 리더십을 확보해 갔으며 1925년 1월에는 고려유학생회(高麗留學生會)로 확대하였습니다.

이와 함께 장건상, 장지락, 양명, 김용찬, 김봉환(金奉煥), 이낙구(李洛九) 등과 창일당(創一黨)을 조직합니다.

당시의 김성숙을 님웨일즈의 『아리랑』이라는 책에서 장지락(김산)은 이렇게 회고합니다.

"민감하고 비상히 지적인 사나이인 데다가 대단한 미남자이기도 했다. 그 시기에는 공산주의파와의 투쟁이 첨예해지고 있었는데, 김충창은 공산주의 측에 서 있었다. 이론적으로 튼튼한 기초를 갖고 있는 사람은 그 한 사람뿐이어서 이론투쟁에서는 그가 늘 이기고 있었다. 우리는 담화하는 가운데서 곧 종신토록 변함없는 우정이 싹트게 됐다.""나를 공산주의자로 키워 준 사람은 김충창이다. 그는 조선 청년들의 생활이 가장 곤란한 시기(1922년부터 1925년까지)에 나의 이론적 수양을 지도해 준 사람이다. 김충창은 내가 알게 된 사람들 중에서도 나에게 제일 큰 감화를 주었다."

김성숙은 기관지《혁명(革命)》발행의 실무를 맡으며 지면을 통해, 한인독립운동세력의 협동전선 결성을 강조하였고 코민테른 극동국 책임자 보이틴스키 및 중국공산당 창립 멤버의 한 사람인 리다자오(李大釗, 1889~1927) 등과도 만나 한인세력의 통일 문제에 관해 토의하였다고 합니다.

1924년 늦가을에는 한인유학생단체를 통일기성회(統一期成會)로 통합, 1925년에는 민족주의운동 단체인 한교동지회(韓僑同志會)와 함께 3.1운동 기념식을 개최여 원세훈(元世勳), 신숙(申肅) 등 민족주의 인사들과 베이징지역 한인세력의 통일 방안을 협의합니다.

1925년 6월 중국동북지역과 베이징일대를 통치하는 장줘

린정권(張作霖政權)과 일제 사이에 미쓰야협약(三矢協約)이 체결됩니다.

주요 내용은,

- '불령선인 취체방법에 관한 조선총독부와 봉천성의 협정'
- 한국인의 무기 휴대와 한국 내 침입을 엄금하며, 위반자는 검거하여 일본 경찰에 인도한다.
- 재만한인단체를 해산시키고 무장을 해제하며 무기와 탄약을 몰수한다.
- 일제가 지명하는 독립운동 지도자를 체포하여 일본 경찰에 인도한다.
- 한국인 취체의 실황을 상호 통보한다.

이렇게 한인독립운동에 대한 탄압이 강화되자 체포 위험을 느낀 선생은 북경에서 광저우(廣州)로 피신하여 중산대학(中山大學) 법과에 입학하였고, 의열단 활동에도 적극 참여하였습니다.

1926년 봄에는 김원봉(金元鳳, 1898~1958)과 함께 황포군관학교 교장실 부관 겸 교관으로 있는 손두환(孫斗煥, 1895~?)을 통해 장제스(蔣介石, 1887~1975) 교장을 면담하고, 한인들의 황포군관학교 입교와 무상교육을 약속받았으며, 1926년 3월 손두환, 김원봉 등이 조직한 여월한국혁명군인회(旅粵韓國革命軍人會)에도 참여하였습니다.

1926년 봄 김원봉, 장지락(張之樂, 1905~1938) 등과 유월한국혁명청년회(留粵韓國革命靑年會)를 조직하여 회장에 손두환, 중앙집행위원에 김원봉과 김성숙, 조직위원에 장지락(김산金山) 등이 선출되었으며 6월에는 유월한국혁명동지회(留粵韓國革命同志會)로 확대 개편되었으며, 광저우 지역의 한인사회를 대표하는 유력단체로 성장합니다.

김성숙은 기관지《혁명운동(革命運動)》의 주필을 맡아 이론가이자 문장가로서 영향력을 확대해 갔으며, 내부에 존재하는 파벌 간의 갈등을 타파하기 위해 장지락 등과 함께 kk(독일어 koreaner kommunismus의 약자, 한인공산주의라는 뜻)를 조직하여, 공산주의자들을 결집시키고자 노력하였고, 아울러 정치단체로의 전환을 내걸고 의열단의 개편을 추진하여, 민족주의세력의 결집을 시도하였습니다.

의열단이 지난날처럼 암살과 파괴에만 치중해서는 안 되고 정치단체로 탈바꿈해, 독립투쟁을 이끌 간부를 훈련시키자고 한 것이지요.

그는 사회주의운동과 민족운동의 접목을 통해, 항일독립운동의 역량을 강화하려 했으며 그의 활동은 민족협동전선운동으로 이어져서 1927년 봄 유월한국혁명동지회 집행위원 및 의열단 중앙집행위원 자격으로 상하이에서 장건상을 만나 대독립당촉성회운동에 관해 논의하였으며, 1927년 5월 8일 광동 대독립당촉성회를 결성하니. 이는 그가 매진해 온 사회주의세력과 민족주의세력의 통합 노력의 결실이기도 합니다.

168

1940년 전후 김성숙 두진훼이(杜君慧).
뒷줄 가운데 남녀 두진훼이, 김성숙…
앞에 남자아이 둘이 그들의 아들 둘.

그런데 1927년 4월 13일 장제스의 우파 반공 쿠데타가 일어났고, 김성숙은 우한(武漢)으로 피신합니다. 중국 국민당정부와 중국공산당 간의 대립 와중에 김성숙은 중국공산당이 이끄는 교도단(教導團) 제2영(營) 제5련(連)의 책임자 임무를 맡아, 9월 말 중국공산당의 지시로 교도단을 이끌고 장파궤이 부대(張發奎 部隊)를 따라 남하하여, 10월에 광저우로 돌아오는데 이때 운명적인 사랑인 중국 여성 두줜훼이(杜君慧)를 만났으며, 장지락 등과 한인운동조직을 재건하기 위해 힘을 기울였습니다.

이러던 중, 1927년 12월 11일 중국공산당의 주도로 이른바 광주봉기(廣州蜂起)가 일어납니다. 장파궤이의 제4군에 있던 한인 군관, 장교 및 중산대학 학생 및 교도단에 있는 한인 등을 포함한 2백여 명이 광주봉기에 참여하여 교도단은 적군(赤軍)으로 개칭되었고, 한인들은 전투원, 선전원, 구호원 등으로 활동하였는데 그는 중국공산당 조직의 책임자로서, 한인들을 인솔하여 포병련과 함께 사허(沙河)를 점령하고 12월 12일 광저우 소비에트정부가 성립되어, 장지락 등과 함께 광주 소비에트정부 성립대회에 참석하여 소비에트정부 숙반위원회(肅反委員會) 위원에 선임되기도 하지만 중국공산당의 광저우 점령은 3일 천하로 막을 내렸고, 선생은 두쥔훼이와 함께 중산대학 학생숙사에 남아있던 한인학생들의 광저우 탈출을 돕고 두쥔훼이의 집에 숨었다가, 홍콩을 경유하여 상하이로 탈출합니다.

중국에서 장제스에 의한 1차 국공합작이 깨어지고 중국의 정세도 군벌의 난립 등으로 통일된 방향을 잡지 못하게 되자 북벌전 등 중국혁명에 앞장섰던 한인독립운동가들은 중국혁명의 성공이 한국의 독립으로 이어지리라는 기대는 허망하게 무너지고 김성숙은 중국 국민당정부의 감시를 받게 되었습니다. 1929년 선생은 두쥔훼이와 결혼하였고, 원고 집필 및 번역 활동으로 생활합니다. 1930년 선생은 아내의 고향인 광저우로 옮기고,《민국일보》기자로 활동하다가, 중산대학 일본어 번역과에 초빙되었다가 다시 일어연구소에서 일본어 교수로 근무합니다.

그리 오래지 않아 상하이로 돌아온 선생은 1930년 8월 두쥔훼이와 함께 중국좌익작가연맹(中國左翼作家聯盟)에 가입하였고 창작비평위원회 소속으로 루쉰, 마오둔(茅盾=심덕홍沈德鴻, 1896~1981) 등과 문학 창작 및 이론비평 활동을 전개합니다.

1932년 1월 일본군이 상하이를 침략하였을 때, 루신, 마오

조선의용대 성립 앞줄 가운데 김성숙(1939.10)

둔, 딩링(丁玲, 1904~1986) 등 중국좌익작가연맹의 지도자들과 함께 일본군의 침략과 민중학살을 비난하는 선언서를 발표하였고 또 '봉화(烽火)'라는 전시 특별간행물과《반일민중(反日民衆)》신문의 편집을 맡았습니다.

상해사변에서 중국군이 패배한 후, 1년간 광시성사범대학(廣西省師範大學) 교수로 생활하다가, 이듬해 상하이로 돌아와 저술 및 번역작업으로 1928년 이래『일본경제사론』,『통제경제론』,『산업합리화』,『중국학생운동』,『변증법전정(全程)』등의 책을 출간합니다.

부인 두진훼이(杜君慧)와 세 자녀를 얻으며 대학교 교수로 그나마 평온하게 지내던 기간은 5년 정도였고 1935년 무렵이

되면서 그는 항일민족운동 진영으로 돌아오게 됩니다. 1930년
대 일본 제국주의가 만주에 만주국이라는 괴뢰국을 만들고 중
국 화북지역을 침략하자, 중국공산당은 8·1선언을 발표하여
항일구국을 호소하였고, 청년, 학생들의 시위운동이 격렬해졌
습니다.

1935년 12월 12일 김성숙 부부는 중국좌익작가연맹 및 문
화계 인사와 연대서명으로 '상하이 문화계 구국운동 선언'을
발표하고 상하이 여성구국회에도 가입하여 중국 여성계의 항
일구국운동에도 참여하게 됩니다.

1935년 선생은 중국공산당을 탈퇴하고, 한인공산주의자들
을 규합하여 조선공산주의자동맹(朝鮮共産主義者同盟)을 조직하
였으며 이어 1936년에는 상하이에서 박건웅(朴健雄, 1906~?), 김
산 등과 조선공산주의자동맹을 조선민족해방동맹(朝鮮民族解放
同盟)으로 개편합니다.

조선민족해방동맹은 중국에서 활동하고 있지만 중국을 위
한 혁명이 아닌, 조선을 위한 혁명, 곧 민족혁명을 지향해야 한
다고 선언하게 됩니다. 광주봉기 시절 외쳤던 프롤레타리아
국제주의나 중국혁명을 통한 한국독립이 아니라, 곧바로 한국
독립의 기치를 내걸었던 것이며, 곧 민족해방이 이루어지고
난 다음이라야, 사회주의고 공산주의도 존재의 가치가 있다는
민족 우선의 노선을 지향하여 민족주의 이념과 반자본주의 이
념을 접합하되, 전자를 지주로 삼아 후자를 접목시킨다는 논
리입니다.

1937년 7월 7일 중일전쟁이 발발하자, 11월 한커우(漢口)에서 조선민족혁명당, 조선민족해방동맹, 조선혁명자연맹의 세 단체는 좌파 민족주의세력의 협동전선으로 조선민족전선연맹(朝鮮民族戰線聯盟)을 결성, 그는 상임이사 겸 선전부장으로 활동하며, 기관지《조선민족전선(朝鮮民族戰線)》의 편집을 맡았습니다.

그때 국제주의가 너무 팽창해 있어서 그것을 경계하기 위해서도 민족주의가 중요하다고 생각했지요. 무슨 말이냐 하면 그때 우리나라의 사회주의자들과 공산주의자들은 민족주의라는 것을 무시하고 있었어요. 민족주의를 부르주아 이데올로기라고 단정하고 프롤레타리아 국제주의를 강조한 마르크시즘-레닌이즘을 그대로 받아들인 것이지요. 여기에 맞서서 나와 내 동지들은 "민족문제가 더 크다. 민족이 독립된 뒤에야 공산주의고 사회주의고 무엇이든지 되지 민족의 독립이 없이 무엇이 되느냐"라고 역설했지요. 그리고 "우리가 독립하기 위해서는 전 민족이 단결해야 한다. 이것이 바로 민족주의이다. 이 민족주의와 합작해서 자본주의와 싸워야 한다"고 주장했지요.[17]

17)
김용호, 「권두시론 우리겨레의 현대 정시사 연구와 정치전기확의 성장: 하나의 소묘」(면담 이정식/김학준 편집 해설/수정증보), 『혁명가들의 항일회상 김성숙·장건상·정화암·이강훈의 독립투쟁』, 민음사, 2005.

김성숙은 1938년 10월 10일 조선민족전선연맹의 무장부대로 창건된 조선의용대(朝鮮義勇隊)의 지도위원회 위원 및 정치조장에 선임되어 대원들의 정치, 사상교육을 담당하였습니다.
1939년 5월 김구와 김원봉이 〈동지, 동포 제군에게 보내는 공개통신〉을 발표한 후에 1939년 말 한인세력의 협동전선 결성을 모색하자, 우한(武漢), 궤이린(桂林) 등지를 무대로 조선민족전선연맹 및 조선의용대를 지휘하던 김성숙이 상해 임시정부가 있던 충칭(重慶)으로 무대를 옮겨 활동하게 됩니다.

1941년 여름에 이르기까지 조선의용대(의열단) 주력이 서안 등 중국 북부의 중국공산당 항일 근거지로 이동하면서 1941년 11월 1일자로 발표된 '조선민족해방동맹 재건 선언'에서 김성숙은 독립운동 노선의 변화를 공식화하여 코민테른이나 중국공산당의 지휘를 받는 국제주의 공산당이 아닌, 우리 민족의 해방과 독립을 일차목표로 정체성을 견지해야 한다고 생각을 밝히고 임정에 참여합니다.

임정 참여 이래, 1942년 1월 22일 선전위원에, 1월 26일에는 3·1절 기념주비위원에 선임되었고 1943년 3월 4일에는 내무부 차장에, 4월 10일에는 선전부 선전위원에 선임되었으며 1944년 4월 24일 임시의정원 회의에서는 이시영(李始榮, 1869~1953), 조성환(曹成煥, 1875~1948), 황학수(黃學秀, 1879~1953), 조완구(趙琬九, 1881~1954), 차리석(車利錫, 1881~1945), 장건상(張建相, 1882~1974), 박찬익(朴贊翊, 1884~1949), 조소앙(趙素昻, 1887~1958), 성주식(成周寔, 1891~1959), 김붕준(金朋濬, 1888~1950), 유림(柳林= 유화종柳花宗, 1898~1961), 김원봉(金元鳳, 1898~1958) 등과 국무위원에 선임됩니다.

김성숙은 독립운동세력이 단결하고 통일하여, 임시정부가 독립운동의 총영도기관 및 한민족을 대표하는 정부로서 위상을 확보할 때, 반파시즘, 반일 연합국체제의 일원이 될 수 있으며, 전후 한반도문제 처리 과정에서도 임정이 제 목소리를 낼 수 있을 것이라고 생각하였으며, 임정이 어느 파에도 편향함이 없이, 초연한 입장을 취하여, 정파 간의 대립과 갈등을 조정, 해소하는 역할을 수행하도록 주문하였습니다.

이는 신생 독립국가로서 한국이 나아가야 국제정치의 진로와 관련하여, 국제정치 관계의 파트너로서 미국과 소련을 대등하게 평가하고 양측 모두와 외교관계를 수립해야 한다는 주장은 선생의 정치사상의 진면목을 보여주는 것으로, 이는 해방정국기 중간파의 정치노선에 근접하는 것이었습니다.

김성숙은 충칭 임정시기 한, 중 연대활동에 적극 참여하여 1942년 10월 11일 열린 중한문화협회(中韓文化協會) 성립대회에서 이사에 선임되었고, 10월 17일에는 선전조 부주임에 선임되었고, 1945년 3월 15일에는 한국구제총회(韓國救濟總會)의

상해임시정부 입국기념사진 2열 왼쪽에서 네 번째(1945)

감사로 선임됩니다.

한·중 연대활동에 있어서는 중산대학 출신의 학력, 조선민
족전선연맹과 조선의용대 활동의 중심인물로 중국정부 요로
와 맺은 인간관계, 《조선민족전선》 및 《조선의용대통신》 간행
을 매개로 축적된 중국 인사들과의 관계, 사회과학과 국제정
치에 정통한 지식인으로서의 교양 등이 뒷받침해 주었을 것입
니다.

이와 함께 빼놓을 수 없는 사실이 아내 두쥔훼이의 존재인
데요.

> 그녀가 덩잉차오(鄧穎超)라고 저우언라이(周恩來, 1898~
> 1976) 부인하고도 굉장히 가깝고 서로 친분이 있고 그렇게
> 되니까 궈모뤄(郭沫若, 1892~1978)하고 서로 친하게 되고,
> 그런 관계로 해서 차차 주은래하고 알게 되고, 주은래를
> 알게 돼서 동비우(董必武)를 알게 되고 그랬지요.18

조선의 딸이라고까지 외치며 상해 임시정부 활동가로 살았
던 아내 두쥔훼이(杜君慧, 1904~1981)는 세 명의 자녀를 두었지만
국적이 다르다는 이유로 한국으로 오지 못하고 1950년경 두
아들이 인천까지 아버지를 보러 오지만 이승만 정부의 방해로
만남은 이루어지지 않았고 영영 이별하게 됩니다. 그녀는 독립
운동 유공으로 2016년 8월 건국훈장 '애족장'을 포상 받았으
며, 첫째 두감은 전 광동성 교향악단 지휘자, 둘째 두건은 북경

18)
김용호, 「권두시론 우
리겨레의 현대 정시사
연구와 정치전기확의
성장: 하나의 소묘」(면
담 이정식/ 김학준 편
집해설/ 수정증보),
『혁명가들의 항일회상
김성숙·장건상·정화
암·이강훈의 독립투
쟁』, 민음사, 2005.

서울, 광진 천년을 살다

대 중앙미술학원 유화학부 부학장, 셋째 두련은 국가발전개혁위원회 정보센터 고문으로 현대 중국에서 활동합니다.

원하고 또 원했지만 독립군의 국내 진주가 아닌 미국의 원자폭탄으로 6개월에서 1년이나 빨리 일본의 항복으로 이루어진 한반도의 해방은 상해 임정의 정치적 입지를 애매하게 만들게 됩니다. 임정세력은 소련군 복장의 김일성(金日成, 1912~1994), 미국 우파(맥아더Douglas MacArthur, 1880~1964)의 지지를 받는 이승만보다 한 달 후에야 개인 자격으로 조국에 돌아왔으며 그나마 김성숙은 12월 1일 두 번째로 군산비행장으로 입국하게 됩니다.

입국 전 김성숙은 상해임시정부인사들에게 약법삼장으로 해방 후 자주독립국가의 기조를 다음과 같이 주장합니다.

약법삼장(約法三章)

첫째,

임정(臨政)은 비록 개인자격(個人資格)으로, 입국(入國)하기로 되었으나 미군정(美軍政)이 용인하는 한도 내에서 정치활동을 할 것인데 국내에서 극좌(極左)·극우파(極右派)의 대립항쟁하는 사태에 임하여 임정(臨政)은 어느 파(派)에도 편향함이 없이 초연한 입장을 취하여 양파(兩派)의 대립을 해소시키며 다 같이 포섭하도록 노력할 것.

둘째,

입국(入國) 즉시로 전국각정당사회단체(全國各政黨社會團體) 대

표자와 각지방반일민주(各地方反日民主) 인사를 소집하여 비상
국민대표대회(非常國民代表大會)를 가져 임정(臨政)은 이 대회에
서 30여 년간 지켜온 임정헌법(臨政憲法)과 국호(國號)·연호(年
號)를 채택하는 조건 하에서 임시(臨時)의 정원을 확대 개선하
는 동시에 명실상부한 한국민주정부(韓國民主政府)를 재조직할
것.

　셋째,

　미(美)·소에 대해서는 평등한 원칙 하에서 외교 관계를 수립
할 것.

　8·15 해방 이후 김성숙의 발자취는 그가 추구했던 조국과
다르게 흘러가는 관계로 연보로 대신합니다.

1945년 12월 3일. 귀국.

1946년 2월 4일 독립노동당(獨立勞動黨)을 창당하여 당수로
　　　　　취임.

1946년 2월 15일 장건상, 김원봉과 함께 대한민국 임시정부를
　　　　　떠나 민족주의민주전선에 가입하여 부의장을 역임.

1946년 미군정 반대를 주장한 혐의로 전주형무소에서 6개월간
　　　　　옥고.

1947년 전국혁명자총연맹 창립에 참여하여 위원장 5월에는 근
　　　　　로인민당결성에 참여해 중앙위원에 선출됨. 신탁통치
　　　　　찬성.

178

1948년 2월 김구, 김규식 등이 남북협상에 참여하였으나 김성숙은 남북협상에 불참.

1948년 대한국민의회 의장에 선출됨, 통일독립운동자중앙협의회를 결성하여 대표간사에 취임 통일독립운동자중앙협의회를 지도.

4월 남북협상론이 대두되자 남북협상의 실패를 예견하고 대한민국 단독 정부 수립론을 지지.

5월 10일에 실시된 제헌국회의원 총선거에는 불참, 유림과 독립노농당을 결성.

1950년 6월 25일 6·25 동란이 발생. 피난가지는 못하여서 이승엽을 비롯한 공산당원들의 권유에도 불구하고 북으로 가지 않음(후에 피난 가지 않았다는 이유로 구금당함).

1952년 부산시에서 야당과 연합해 한국민주주의자총연맹을 결성, 이승만 정권의 재집권 반대.

1955년 조봉암 등과 접촉하여 진보당 추진위원회에 관여하였으나, 진보당 창당에 불참.

1957년 근로인민당을 재건하려 했다는 이유로 경찰에 체포되어 수감 곧 석방.

1958년 제1공화국 정부에서 조작한 '진보당 사건'에 연루되어 옥고.

1960년 4·19 혁명으로 이승만 정권은 붕괴 혁신정당 창당 운동에 가담.

1961년 5·16 군사정변 이후 군정에 의해 장건상과 체포되어 옥고 집행유예가 선고됨.

1965년 혁신정당인 통일사회당 창당에 발기인으로 참여, 통일
　　　사회당 대표위원.

1966년 윤보선 등과 함께 신한당에 발기인으로 참여, 창당 후
　　　신한당 정무위원회 위원에 선출.

1967년 신한당과 민중당의 통합으로 신민당이 창당되자, 신민
　　　당 운영위원으로 선출.

1968년 신민당 지도위원에 선출.

1969년 4월 12일 71세로 사망, 장례를 사회장으로 하고 조계사
　　　에서 영결식을 거행.

　거의 유일무이하게 일제, 미군정, 이승만정권, 박정희정권에
서 무려 다섯 번의 옥고를 치른 이가 김성숙입니다.

　진보 야당을 추구하던 그의 행적으로 가정은 유가족의 말대
로 뒷박질로 구걸을 해야 했고, 셋집을 옮겨 다녔습니다. 세상
을 뜨기 3년 전에야, 지인인 구익균의 집 앞마당인 서울시 광
진구 구의동 210-10(구 주소: 성동구 구의리 236-6) 한 모퉁이에
건평 11평의 집 한 채를 마련할 수 있었습니다. 독재에 아부했
지만 한때 일제에 의해 옥고를 치렀던 이은상은 비나 피하라
는 뜻의 '피우정(避雨亭)'이라는 목각 현판을 헌정합니다.

　그는 기관지염으로 앓아누웠으나 병원에 갈 엄두도 못 내
고, 약값 마련도 어려운 가난에 묻혀, 1969년 4월 12일 오전
10시 눈을 감습니다. 그의 장례는 사회장으로 치러졌으며 장

1960년대 후반 구의동 피우정 약도

레위원회 회장은 유진오(兪鎭午, 1906~1987), 부회장은 김성곤(金成坤, 1913~1975, 공화당 재정위원장)과 김현옥(金玄玉, 1926~1997, 서울특별시장) 등 14명, 집행위원장은 1970년대 광진구(당시는 성동구) 국회의원을 지냈던 양일동(梁一東, 1912~1980) 의원이었으며 장건상(張建相, 1882~1974)과 윤보선(尹潽善, 1897~1990) 등이 고문을 맡습니다.

선생에게 남한 정부에서 건국훈장 독립장이 추서된 때가 1982년이었고 유해는 파주에 묻혔다가 2004년도에야 국립현충원 임정 묘역으로 이장되었습니다.

광진구에서는 2009년 서울시와 광진구의 협조로 불교계와 운암김성숙기념사업회가 합심하여 구의동 피우정 터에 운암김성숙기념관을 지으려 시도했지만 지지부진한 상태입니다.

제가 고등학교에 다닐 때 만해도 일제 강점기, 이승만 정권, 박정희 정권을 거쳐 온 선생님 몇 분 계셨습니다. 언젠가 그분에게 여쭤본 적이 있습니다.

"그 당시는 어땠습니까?"

"선생님은 독립운동을 어떻게 생각하세요?"

"어려웠지."

그 분의 대답이셨습니다.

진정한 자주독립과 혁명이란 무엇이고 현재 분단을 살아가는 우리는 무엇을 좇아야 할까요?

　나의 일관한 주장은 우리나라가 아직도 독립이 되지 못하고 외국 세력 하에서 전 민족이 신음하고 있으므로 독립운동을 계속해야 한다는 것이다.

　아직은 논공행상할 때가 아니다. 우리 역사와 범속한 내 지난날을 곱씹자면 끝이 없을 거외다.

　망국노로 살 수 없었고, 독재와 포개서 살 수 없었기에 미력한 힘이나마 항일투쟁과 반독재 투쟁의 말석에 서게 되었답니다.

　사는 동안 기름진 곳, 안전한 지대에 한눈팔지 않았고, 자신에겐 춘풍(春風)이고 타인에겐 추풍(秋風)의 이중 잣대를 몰랐으며, 공적(公的) 가치를 위해 사적(私的) 이해를 접고 살았음을 자부합니다. 구지레한 처신을 멀리하고 설움과 아픔을 다독이며 나름의 가치에 충실했다고 자부합니다.

　　　　　　　　　　　　　　– 김성숙『혁명일기』(1964년 2월 13일)

　　　　　　　　　　　　서울, 광진 천년을 살다

일제하 광진 역사 유적 조사

일제강점기에 실시된 한국의 고적조사사업은 1909년 9월부터 대한제국의 요청으로 세키노 다다시(關野貞, 1886~1935) 일행이 조선의 옛 건축물 등의 고적조사를 시행한 것이 계기가 되었다고 합니다. 이는 다음해 한일합병과 함께 조선총독부 주관으로 본격적으로 실시되면서 우리 민족문화의 정통성을 말살하고 식민통치를 정당화하기 위한 정책이었다고 할 수 있습니다.

1916년(대정 5)부터 총독부에서 본격적으로 시작된 고적조사계획에 따라 광진 지역은 1916년, 1918년 이렇게 두 차례에 걸쳐 유적조사를 하고 많은 사진을 남겼는데요. 야쓰이 세이이치(谷井濟一, 1880~1959)라는 이가 주로 직접 답사하여 사진을 찍고 서술한 것으로 보입니다.

이것이 국립중앙박물관에 조선총독부 문서 중 '고적·유물 목록'이란 이름으로 남아있습니다.

'고적·유물 목록'은 일제강점기 조선의 고적과 유물을 조사하여 등록한 「고적 및 유물 대장」과 「고적대장」 등 고적과 유물에 대한 각종 목록을 묶은 문서철로 남아 있습니다. 「고적 및 유물 대장」은 1916년부터 1933년 보존령 시행 전까지 보존 가치가 있는 조선의 고적과 유물을 조사하여 등록한 대장입니다. 여기에는 대장에 등록하기 위한 원고 및 교정본으로 추정되는 '고적 및 유물 등록대장'도 포함되어 있으며, 지역별로 193건이 정리된「고적 및 유물 대장」은『고적급유물등록대장초록(古蹟及遺物登錄臺帳抄錄)』으로 1924년에 출간되었습니다.

「고적대장」은 1916~1917년경 식산국 산림과에서 제작한 '고적대장'의 사본입니다. 조선총독부 박물관에서 임야에 있는 고적 관련 내용을 참고하기 위해 보관했던 문서철이며 13도의 자료가 모두 수록되어 1942년에『조선보물고적조사자료(朝鮮寶物古蹟調査資料)』로 출간되었습니다.

이때의 기록들은 전국적으로 광범위한 조사로는 남한에서 1990년대 이전에는 이루어지지 않을 정도로 자세한 기록이고 지금도 많이 참고 되며 자주 영인본으로 출간되기도 합니다.

1916년 조사 기록『다이쇼오년도고적조사보고(大正五年度古蹟調査報告)』(1917년 발간) 중 광진 지역 내용은 제가 알기론 2019년 경기문화재단에서 발행한『다이쇼 오년도 고적조사보고서 일제강점기 경기도 유적조사보고서』에 최초로 번역 출간 되었고 당시 행정구역상 경기도에 포함되어 있는 지역 중 현재 중랑천 동부 지역의 유적 조사 내용만을 발췌하여 제가 번역하였습니다.

물론 우리가 지금 1919년 3·1 독립선언서를 읽는데 어려움을 겪는 것처럼 전문적으로 번역이 힘들어서 중곡동 소재 우

19)
정혜선 옮김·박경신 해제 및 주해,「다이쇼 5년도 고적조사보고서 일제강점기 경기도 유적조사보고서」, 경기문화재단, 2019
『1909년「朝鮮古蹟調査」의 기억『韓紅葉』과 谷井濟一의 조사기록』, 국립문화재연구소고고연구실, 2016
국립중앙박물관, 조선총독부 박물관문서 중 [고적·유물 목록]
https://www.museum.go.kr/modern-history/inquiry4.do
윤성효,「일제강점기 고적조사자료와 아차산 일대 고구려 보루군」,『서울과 역사』96호, 2017

찌다 마사끼 목사님의 도움을 많이 받았습니다. 제가 전문가가 아니다 보니 적지 않은 오류가 있겠지만 당시 유리원판 사진만으로도 광진 문화유산 연구에 유용한 자료가 될 것입니다. 이때 내용이 뚝섬마장(纛島馬場)과 광진고산성(廣津古山城: 아차산성 일대)입니다.

두 번째로 1918년 9월 29일부터 10월 2일 사이에 조사한 『독도부근 백제시대유적조사 (요)약 보고』가 있습니다. 이 내용은 일부 학자들 논문에 언급은 되고 있지만 내용의 한글 번역은 제가 알기론 최초로 알고 있습니다. 마찬가지로 전문적으로 번역이 힘들어서 중곡동 소재 우찌다 마사끼 목사님의 도움을 많이 받았습니다. 두 차례에 거쳐 번역한 내용과 같이 있는 사진을 올리도록 하겠습니다.

당시 지도에 답사경로와 지표 조사한 간략한 내용이 기재되어 있고, 지금은 없어져 버린 중곡동 고분들 중 두 기(基)의 발굴 사진과 아차산성의 당시 사진, 면목동과 목마장의 경계 사진, 광진 전경 등이 담겨 있어 광진 역사연구에 귀중한 자료라고 평가됩니다.19

『다이쇼오년도고적조사보고 [大正五年度古蹟調査報告]』

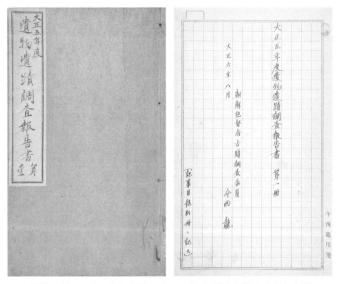

대정오년(1916)도유물유적조사보고서 제1책 금서룡(이마니시 류)

고양군 7월 11일: 광장리 면목리 성지 〈아차산성〉, 중곡리 고분군, 용서보전 〈위치미상〉
7월 12일: 소능리 〈아차산역 부근〉, 장문리 〈구의사거리 부근〉, 군자리 〈군자동〉

제4장 양주군 고양군

양주, 고양 2군에 대해서는 경성에서 가평군으로 가는 길의 그 통로 도중에 있어서 고적유물만을 조사하고 혹 여주에서 돌아오는 귀로에 전망하는데 불과하였다.

제1 뚝섬(독도)마장

뚝섬마장(살곶이 마장)은 그 기록을 (살펴)보면,

　옛날 『세종실록 지리지』 「양주군 조」(실제는 양주도호부 조)에 이르기를 "목장은 두 개이니 하나는 전곶평(살곶이들)에 있는데 부(府-양주도호부의 관청소재지) 남쪽 동서 7리(2.8킬로미터)리 남북 15리(6킬로미터)에 나라의 말을 방목한다. 둘째는 녹양평(의정부시 녹양동 부근)이니 부(府-양주도호부의 관청소재지), 남쪽 동서 5리(2킬로미터), 남북 12리(4.8킬로미터)이다. 중군과 좌군의 말을 방목한다"고 되어 있다. 녹양평(목)장은 천보(산) 수락(산) 두 산의 서쪽에 있고 전곶평 목장은 독도마장(뚝섬마장)에 해당한다. 이 살곶이들은 후에 한성부 소관으로 귀속한다.

　『여지승람』에 이르기를,

　"전곶(살곶이)은 나라(수도)의 동쪽 교외에 있는데 그 땅이 평평하고 물풀이 우거져서 주위를 제거하고 우리를 만들어 나라의 말은 풀어 기른다.

　넓이(면적)은 대략 30~40리(12~16제곱킬로미터)이다(산과 계곡의

짐승으로 인한 피해가 있어 말을 기르는 자들을 시켜 제거하게 한다).

또한『증보문헌비고』「병고」마정부 목장조에도 상세한 기록이 있다. 이 마장(말목장)은 이태왕(고종)시대까지 군마를 길렀다.

현재 고양군 독도면 북쪽 경계(면목동, 중곡동 경계), 양주군 구리면 남쪽 경계에서 아차산 정상까지 연결되어있는 토루(土壘: 흙으로 싸인 성벽)가 이 마장의 북쪽 경계가 된다. 한편 그 대부분은 원형의 모습이 남아있어 한편으로는 옛 도시의 토성인 것처럼 보인다. 육지측량부 25,000분의 1 지도에 실려 있는 답십리 동쪽 92미터 구릉 위의 토루(배봉산으로 추정) 역시 이 (경계의) 한 변이 될 것이다. 이 마장은 여름에 논 곡식이 (말로부터) 피해를 방지하기 위해 마필을 광진 고성 내에 모아 놓았다. 이 지역은 남한(강 세력)과 북한(강 세력)에 대한 역사지리 연구상 주의해야 할 지역이다. 이 토루도 목장만을 위하여 만들어진 것인지, 혹은 그 이전의 고루에 의거 수리하여 (개)축한 것인지 연구가 필요할 것이다(사진 25호 사진 26호).

이 지역은 고양군에 속해 있다.

제2 광진고산성(현재 고양군에 속함)

『증보문헌비고』에,

"양진고성(『비변사등록備邊司謄錄』에는 광진성이라 이름 붙여짐)은 아차산 남쪽 동쪽 언덕에 흙으로 쌓았다. 한강 건너 광주군 평고성(몽촌토성)을 건너 볼 수 있어 삼국 시대에는 서로 강을 사이에 두고 방수처(서로 지키고 대비하는 곳)로 서로 마주보고 있었는데 현재는 없어졌다."라고 되어 있다.

이곳은 아차산의 갈래봉으로 광진리 북 200미터 돌출 언덕 동남방향에 있다. 본 위원의 실지 조사에서도 광주(암사동, 천호동에서 바라본)쪽 또는 한강에서 배를 타고 내려오는 배에서 바라보면 성터는 평평한 언덕의 산꼭대기에서 중앙 부근까지 이 언덕의 한 면 상반부를 거의 사각형에 가깝게 에워싸고 있다. 이 토루는 비교적 완전하게 남아 있으며 바깥쪽이 안쪽보다 경사가 완만하다.

앞에서 기록한 뚝섬 목마장의 군마를 모아 기르는데 이용하느라 후세에 끊이지 않고 수리였다. 사방 2~3정(약 200~300미터) 정도 협소해졌다.

계강(계곡시내)에 작은 보루가 있었을 것이다.

〈대동여지도〉에는

이 산성 밖 아차산 정상에 성의 흔적이 있다고 표시되어 있다. 아차산 정상 근처의 성 흔적에 대해 본 위원은 보지 못했다.

사진 27호 독도면 한강 가운데(신천리 동쪽)에서 광진산성(아차산성)을 촬영한 것이며. X표 사이가 토루의 최고 높은 곳이다.

아차산성 현재 아차산성 등산로(1917)

아차산성 워커힐 쪽에서 한강 촬영한 것으로 보임 (1917)

올림픽대교와 천호대교 사이 한강에서 본 아차산(1917)

독도부근 백제시대 유적조사 요약보고(1918, 대정 7년)

1. 서언

제일(야쓰이 세이이치谷井濟一), 항길(오바 쓰네키치小場恒吉) 및 건(노모리 겐野守健)은 경기도 고양군 독도면과 부근에 있는 백제시대에 속한 유적 조사의 명을 받아, 제일과 건은 대정 7년 9월 28일 경성에서 출발하여 10월 4일에 귀임하고, 항길은 10월 2일

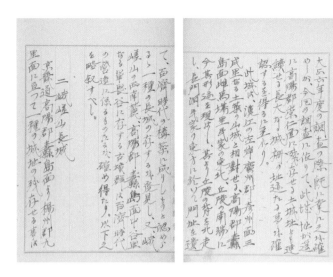

에 출발하여 4월에 귀임하였다. 이번 조사의 결과, 고양군 독도면에서 양주군 구리면과 고양군 숭인면에 걸쳐 있어 백제시대에 구축된 것으로 판단되는 일종의 긴 성이 있는 것을 발견하였다. 또한 아차산의 서남쪽 기슭, 고양군 독도면 중곡리 군외곡(긴고랑)에 있는 고분군은 백제시대의 건축물[營造]과 관련된 것을 확인하는데 성공하였다. 이후에 이를 간략하게 서술하겠음.

2. 아차산 장성

경기도 고양군 독도면에서 양주군 구리면에 이르기까지 일종의 성지(城址: 성터)가 남아있는 것은 대정 6년도(1917) 조사 때 이미 확인되었으나, 이번 조사에 따라 이 추정 유적이 멀리 고

양군 숭인면에 남아 있는 토성 터 유적과도 연속된 장대한 성책의 유적 도로인 것을 확인할 수 있게 되었다.

　이 성은 한강의 왼쪽 연안인 광주군 언주면 삼성리에 있는 흙으로 쌓은 산성과 마주하고 있다. 고양군 독도면 자마장리(지금의 뚝섬, 역자주) 민가의 동북, 언덕의 남쪽 끝에 지금도 그 흔적이 남아있다. 여기서 언덕을 뒤로 북쪽으로 나가면(현재 자양동 낙천정 언덕과 자양 1, 3동을 가르는 기사식당 언덕을 지나 광진구청, 건국중학교, 어린이대공원으로 지나는 구릉을 표현한다고 생각됨), 장문동 민가 동쪽에 문의 터가 남아있다(장문동에 대한 고찰은 필요하지만 지도상 추측컨대 자양초등학교 후문 쪽에 마장과 민가를 구분하는 문이 있었다고 추정됨). (그 마장 토성의 흔적은) 다시 북동북으로 길게 이어져 마침내 아차산에 오르게 된다. 여기서 약 1리(400미터)에 걸쳐 흙으로 쌓은 성벽이 된다.

아차산에 오르면, 흙으로 쌓은 성벽은 돌로 쌓은 것으로 변한다. 완연(蜿蜒: 꾸불꾸불하게 늘어섬)하게 북쪽으로 향하고, 마침내 구리면과 독도면의 면 경계에 따라 서쪽으로 내려오게 된다, 산 기슭에 이르면, (석벽은) 다시 흙으로 쌓여진 성벽이 된다. 이러한 간격이 약 2리(800미터)이다(용마산에서 중랑천까지 이르는 언덕에 흙 성벽이 있었던 것으로 추정됨). 흙으로 쌓은 성벽은 계속 서쪽으로 가서, 물이 많은 밭에 이르면 그 흔적은 사라져도, 사이 사이에 밭의 땅이 되어 그 흔적을 갖춘다. (이 흔적은) 한천(중랑천) 부근에서 직각으로 꺾여서 이루어져 있다(지도상 지금의 중랑천 장평교 부근에서 언덕으로 추정됨).

(그 흙 성벽의 흔적은) 직선으로 흔적으로 남은 토성지와 서로 호응하여 당시 토성이 존재했던 부지를 추정할 수 있다(첨부된 지도에는 점선으로 표시하였다). 이 토성은, 현재, 한천(중랑천)의 물가에 이르면서 마찬가지로 사라진다.

우측 물가에 고양군 숭인면 휘경리의 언덕 끝에서 그 형태가 남아있다. 언덕을 뒤로하고 남쪽으로 향하다, 숭인면 답십리에 도달하여 소멸되고, 이후 거리 간격이 토성까지 약 1리 반(600 미터)이다.

답십리로부터 또 다른 방향으로 연결되어 있을 것으로 생각되지만, 귀임(歸任)의 기한이 다가와, 이 조사는 다른 날에 하려고 한다.

여기서부터 약 4리 반(1000 미터)에 이르는 성벽의 흔적은 일

종의 긴 성(벽)이 되어, 한천(중랑천)이 한강으로 이르는 부근의 평야 즉 독도(뚝섬) 평야에 존재하여 적에 대한 방어선이다(마장의 경계 성벽을 백제 토성으로 무리하게 연결한 측면이 있음).

이 기다란 성의 곳곳에 건축물이 있을 것으로 보인다. 그 흔적으로 보이는 것이 현재까지 존재한다. 도자기 파편이 희귀하게 (나타나며), 기와 조각이 남아있다.

제작 수법은 백제시대의 것과 일치한다.

이 시기는 (백제시대 중) 초기의 것과 같다.

3. 고양 중곡리 고분군

경기도 고양군 독도(뚝도)면 중곡리라는 곳에 군외곡(긴고랑)이

서울, 광진 천년을 살다

라 일컬어지는 산 계곡의 사이, 아차산 서남쪽 산기슭, 장성(마장 경계 표시 벽으로 추정)의 밖, 산 아래 밭에 이르면 약 2백여 기의 고분군이 있다. 이미 파괴의 화를 입은 것밖에 보이지 않는다. 현재 이 밭에 있는 봉토(무덤을 덮은 흙)가 비교적 완전한 것 2기를 조사하여, 임시로 이를 갑분 을분으로 이름 지었다.

1) 고양 중곡리 갑분

고양군 독도면 중곡리 군외곡(긴고랑)의 담배밭에 있다. 고분은 높이가 담배밭 위 약 6척(180센티미터 척 단위는 1875년 일본 메이지 정부가 도량형취체조례度量衡取締条例라는 법령을 발표하며 표준화한 곡척曲尺 기준입니다)이다. (분) 속에는 비교적 큰 석곽을 담고 있다. 현실(玄室)과 네 벽은 큰 강돌(또는 하천석)을 이용하였다. 천정에는 판석을 놓았고(또는 걸치고), 깊은 곳과 왼쪽의 벽에 접하여, 개천 돌의 7, 8촌(20~25센티미터)정도 크기로 (바닥)단으로 건축하였다.

현실은 폭 약 6척(180센티미터), 세로 약 11척(330센티미터), 높이 약 6척(180센티미터)으로 이루어져 있다. 바닥 단의 높이는 약 3척 8촌(114센티미터)이다.

연도(羨道: 고분의 입구에서 현실로 들어가는 길)는, 현실 안의 상(床: 시신을 앉히는 상)보다도 높다. 가로 약 2척 1촌(63센티미터)여, 높이는 약 3척 6촌(108센티미터)이다.

현실 내부, 왼쪽 벽에 접한 단상에 정강이뼈의 일부로 보이는 것이 2근(1200그램, 1891년 일본 도량형법 기준), 깊은 안쪽 벽에

접한 단 위에 종아리뼈(腓骨비골)의 일부로 보이는 것이 두 조각, 안쪽 벽에 접한 단상에 대수골(大髓骨, 대수골이 무엇인지 파악하기 힘들다-역자주)의 일부로 보이는 것이 한 조각이 남아 있다.

부장품은 안쪽 단상에 각부광구감(다리달린 입 넓은 토기) 1개 있다.

기타 각부개완(다리달린 뚜껑 있는 접시) 2개, 각부개배(다리달린 뚜껑있는 잔) 1개, 배(잔) 1개는 단상 단하에 흩어져 있다. 그 어느 것도 소소도제(素燒陶製, 초벌구이로만 만든 토기류)이며 삼국 시대의 것으로 추정된다.

2) 고양 중곡리 을분

갑분의 동남 가까이에 있다. 그 외형과 내부의 구조는 대체로

서울, 광진 천년을 살다

갑분과 같다. 다만, 현실 내의 단 높이로 보면 현저하게 다른 점이 있다. 현실의 길이는 약 12척(360센티미터), 가로 약 5척(150센티미터)보다 작고, 높이는 5척(150센티미터), 바닥은 안쪽과 오른쪽 벽에 접하여 강돌을 깔고 낮게 (제)단형을 이루고 있다. 연도는 가로 2척 4촌(76센티미터), 이 바닥은 현실보다도 훨씬 높다. 부장품에 남아있는 것은 병 1개, 각부개배(다리달린 뚜껑 있는 잔) 4개, 배(잔) 1개이며, 그 어느 것도 소소도제(초벌구이로된 토기류)로 추정된다.

4. 결어

고양군 독도면에서 양주군 구리면과 고양군 숭인면에 이르고

존재하는 장성은, 독도 방면에서 들어오는 적에 대한 방어선으로, 아마도 백제시대에 신라군을 대비하여 건축한 것으로 보인다. 그리고 흙으로 쌓은 성벽(土城城壁)의 구조는 내지(일본) 구주 서부 및 산양도(산요도, 야마구치현에서 세토내해를 따라 이어지는 지방)의 일부에 있는 우리나라(일본) 옛 방식(古來)의 흙으로 쌓은 산성의 성벽 구조와 관계가 깊은 것으로, 그 비교 연구는 흥미 있는 문제이다. 이에 관하여는 별도로 실측지도를 첨부하여 상세하게 보고 제출할 것을 약속한다.

고양군 독도면 중곡리 군외곡(긴고랑)에 남아있는 갑분과 을분에 대하여 살펴보면, 석곽의 구조는 백제시대의 꽤 오래된 분묘로 보이며, 광주군 중대면 가락리 언덕 위에 있는 고분의 석곽과 유사하다. 그리고, 부장된 도기는 삼국 시대의 특질을

서울, 광진 천년을 살다

발휘하는 것에 불과하여 얼핏 보기에 고신라의 것과 확실하게 구별하기에 어려움이 있으나, 다만 지리상의 관계에서 살펴보면, 백제시대의 오래된 도기로 보는 것이 타당하다. 이 두 개의 고분은 부근에 있는 다른 고분과 함께 백제시대의 분묘이며, 아차산 장성과 대략 시기를 같은 것으로 보인다.

이들은 한강 오른쪽 연안에 남아있는 장성지와 고분군들은 한강 오른쪽 연안 광주군에 남아있는 백제시대의 유적과 더불어 백제 연구상 귀중한 자료임이 틀림없다.

위와 같이 보고 함.

대정 8년 4월(1919)

조선총독부 촉탁 야수건(野守健, 노모리 겐)

조선총독부 촉탁 소장항길(小場恒吉, 오바 쓰네키치)

조선총독부 고적조사위원 촉탁 곡정제일(谷井濟一, 야쓰이 세이이치)

조선총독부 고적조사위원장 앞

대정 7년(1918)

1 경상북도 고적 조사 복명서(復命書) 조거(鳥居: 鳥居龍藏, 도리이 류조) 위원 택 고원

2 봉산군 개성군 장단군 고적 조사 복명서 곡정(谷井: 谷井濟一, 야쓰이 세이이치) 촉탁 소천(小川: 小川敬吉, 오가와 게이키치) 촉탁 야수(野守: 野守健, 노모리 겐) 촉탁

3 겸이포 고적 조사 복명서 곡정 촉탁 야수(野守: 野守建, 노모리 젠) 촉탁

4 독도 부근 백제시대 유적 조사 보고 곡정(谷井: 谷井濟一, 야쓰이 세이이치) 촉탁, 소장(小場: 小場恒吉, 오바 쓰네키치) 촉탁, 야수(野守: 野守建, 노모리 젠) 촉탁

5 만주 평북 팔남 경남북 고적 조사 복명서 흑판(黑板: 黑板勝美, 구로이타 가쓰미) 위원

6 경상남북도 고적 조사 복명서 원전(原田: 原田淑人, 하라다 요시토) 위원

7 대정 7년도 고적 조사 보고 동인(同人)

8 대정 7년도 고적 조사 개요 빈전(濱田: 濱田耕作, 하마다 고사쿠) 위원

■ 조사 참여자 명단

연번	원어 표기(한국 한자음)	한글 표기
1	加藤灌覺(가등관각)	가토 간카쿠
2	谷井濟一(곡정제일)	야쓰이 세이이치
3	關野貞(관야정)	세키노 다다시
4	今西龍(금서룡)	이마니시 류
5	吉岡淸二(길강청이)	요시오카 세이지
6	大原利武(대원리무)	오하라 도시타케
7	大坂金太郎(대판금태랑)	오사카 긴타로
8	渡理文哉(도리문재)	와타리 후미야
9	藤田亮策(등전량책)	후지타 료사쿠
10	梅原末治(매원말치)	우메하라 스에지
11	米田美代治(미전미대치)	요네다 미요지
12	榧本龜次郎(비본구차랑)	가야모토 가메지로
13	濱田耕作(빈전경작)	하마다 고사쿠
14	杉山信三(삼산신삼)	스기야마 노부조
15	西田明松(서전명송)	니시다 아케마쓰
16	小場恒吉(소장항길)	오바 쓰네키치
17	小田幹治郎(소전간치랑)	오다 미키지로
18	小田省吾(소전성오)	오다 쇼고
19	小川敬吉(소천경길)	오가와 게이키치
20	小泉顯夫(소천현부)	고이즈미 아키오
21	小和田元彦(소화전원언)	오와다 모토히코
22	神田┌藏(신전총장)	간다 소죠
23	岩井長三郎(암정장삼랑)	이와이 조자부로
24	野守健(야수건)	노모리 겐
25	原田淑人(원전숙인)	하라다 요시토
26	有光敎一(유광교일)	아리미쓰 교이치
27	栗山俊一(율산준일)	구리야마 슌이치
28	立岩巖(입암암)	다테이와 이와오

29	齋藤忠(재등충)	사이토 다다시
30	田中十藏(전중십장)	다나카 쥬조
31	諸鹿央雄(제록앙웅)	모로가 히데오
32	鳥居龍藏(조거룡장)	도리이 류조
33	佐瀨直衛(좌뢰직위)	사세 나오에
34	中吉功(중길공)	나카기리 이사오
35	池內宏(지내굉)	이케우치 히로시
36	池田直熊(지전직능)	이케다 나오쿠마
37	澤俊一(택준일)	사와 슌이치
38	黑板勝美(흑판승미)	구로이타 가쓰미

* 일본어의 한글 표기는 국립국어원 외래어 표기법을 따름
  (출처=국립중앙박물관 조선총독부박물관 문서)

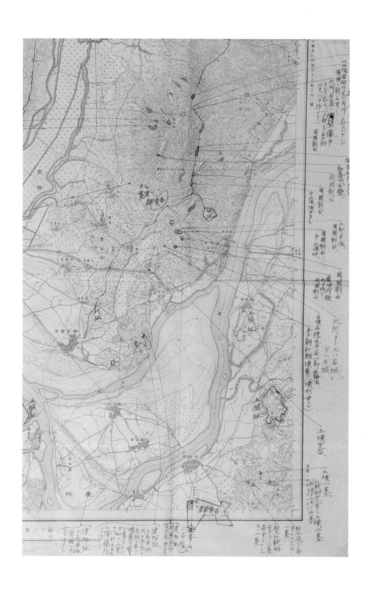

서울, 광진 천년을 살다

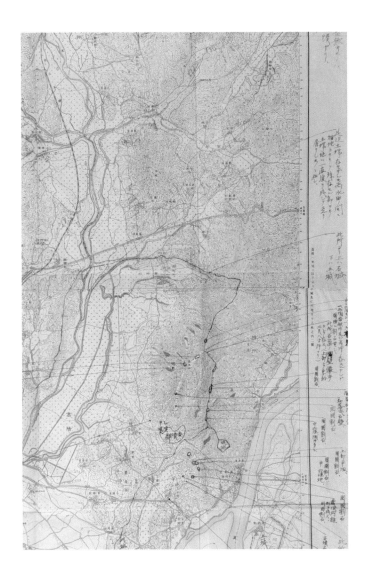

29. 독도부근 백제시대 유적조사요약 보고(대정 7년, 1918) 도록 및 사진　207

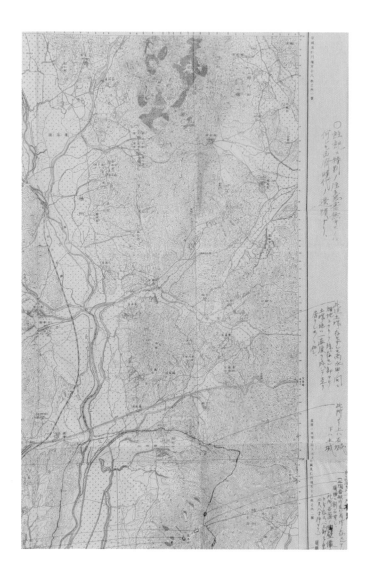

서울, 광진 천년을 살다

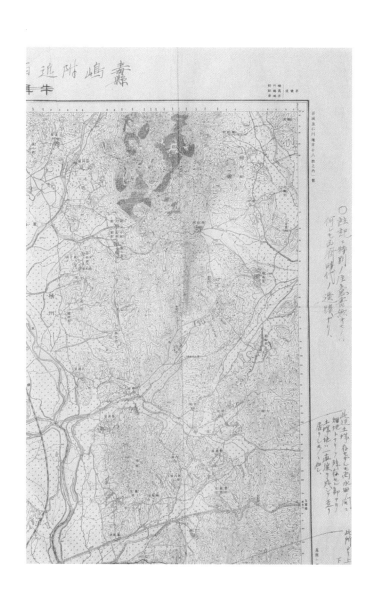

29. 독도부근 백제시대 유적조사요약 보고(대정 7년, 1918) 도록 및 사진　　　209

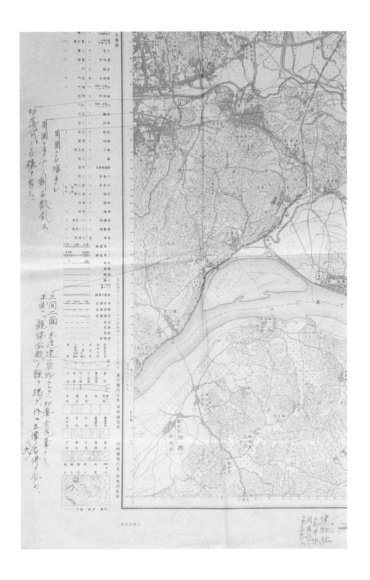

210 서울, 광진 천년을 살다

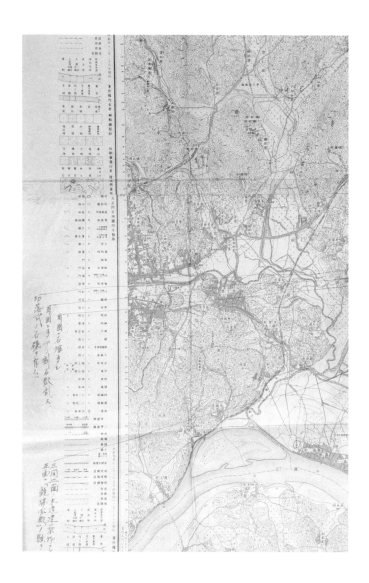

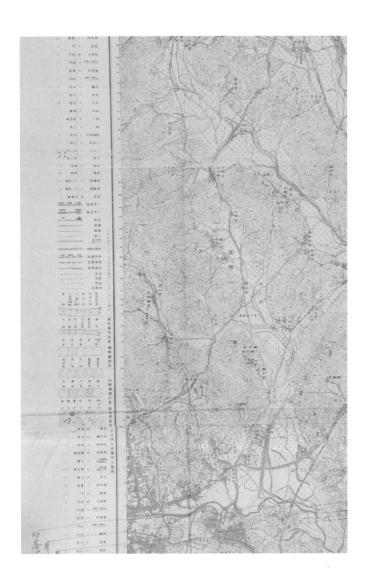

서울, 광진 천년을 살다

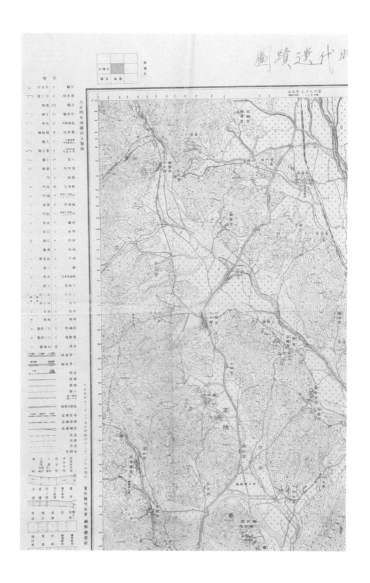

용마산에서 본 아차산

아차산성 동북면

아차산성 왼쪽 정면

서울, 광진 천년을 살다

아차산성 왼쪽에서 본 측면

아차산성 오른쪽 정면

서울, 광진 천년을 살다

아차산성에서 북서쪽 능선 방향

29. 독도부근 백제시대 유적조사요약 보고(대정 7년, 1918) 도록 및 사진　　　219

용마산에서 북한산 방향

서울, 광진 천년을 살다

용마산에서 남서쪽 한강 방향

29. 독도부근 백제시대 유적조사요약 보고(대정 7년, 1918) 도록 및 사진　　221

중곡동 백제고분 갑, 을분

서울, 광진 천년을 살다

중곡리 갑분

중곡리 갑분 굴식돌방무덤 입구

서울, 광진 천년을 살다

중곡리 갑분 무덤 내부 유물

중곡리 백제고분 을분

서울, 광진 천년을 살다

중곡리 을분 굴식돌방무덤 입구

중곡리 을분 굴식돌방무덤 입구개방

서울, 광진 천년을 살다

중곡리 을분 무덤 내부 유물

참고문헌

단행본

- 김기빈 지음, 『600년 서울 땅이름 이야기』, 살림터, 1993
- 이연식·오일환·이권희 옮김, 『국역 경성부사1~3』, 서울특별시 사편찬위원회, 2015

  1934년 경성부에서 발간한 《경성부사(京城府史)》 제3권을 국역한 것입니다. 제3권은 1914년부터 1919년까지의 경성부 현황과 1920년대 새로 편입된 구(舊) 조선인 거주지 역의 역사를 다룸.
- 『1909년 「朝鮮古蹟調査」의 기억 『韓紅葉』과 谷井濟一의 조사기록』, 국립문화재연구소고고연구실, 2016
- 『서울지명사전』, 서울시사편찬위원회, 2010
- 노중국·나각순·이상배·장재정 지음, 『시민을 위한 서울역사 2000년』, 서울역사편찬원, 2009
- 나각순, 『서울의 산』, 서울특별시사편찬위원회, 1997
- 나각순, 『서울의 성곽』(내고향 서울 4), 서울특별시사편찬위원회, 2004
- 이상배, 『서울의 누정』(내고향 서울 8), 서울역사편찬원, 2012
- 박명호, 『서울의 발굴현장』(내고향 서울 9), 서울역사편찬원, 2017
- 신창희·남찬원, 『경기옛길』, 경기문화재단, 2017
- 정혜선 옮김·박경신 해제 및 주해, 『다이쇼 5년도 고적조사보고서 일제강점기 경기도 유적조사보고서』, 경기문화재단, 2019
- 한장상, 『군자리에서 오거스타까지』, 에이엠지커뮤니케이션,

서울, 광진 천년을 살다

2007

- 광진구,『광진구 역사』, 2016

- 국립문화재연구소,『남한의 고구려유적, 현황조사 및 보존정비 기본계획(안)』, 2006

- 구리시,『구리시지』, 구리시, 1996

- 서울특별시,『한강이야기 자료집』, 2014

-『조선시대 다스림으로 본 성저십리』(서울역사 중점연구 05), 서울역 사편찬원, 2019

-『서울역사 답사기 2』(관악산과 아차산 일대), 서울역사편찬원, 2018

-『서울역사 답사기 3』(한강을 따라서), 서울역사편찬원, 2019

논문 및 기타

- 유중현,『후지타 료사쿠(藤田亮策)의 조선 선사고고학 연구와 그 영향- 즐문토기와 지석묘 연구를 중심으로』, 아주대학교 대학원 사학과 석사 논문, 2015

- 윤성효,「일제강점기 고적조사자료와 아차산 일대 고구려 보루 군」,『서울과 역사』96호, 2017

- 고덕구·김형수·김성준·최진용·류경식·이요상·이을래·황의호

-『을축년(1925년) 대홍수의 평가 및 홍수기록 복원 연구』, 한국물 학술단체연합회, 2012

- 이승렬·조경오,「한반도 선캠브리아 지각진화사」,『암석학회지』 21(2), 89~112쪽, 2012

- 박건호, 〈1925 · 1971년, 홍수의 추억(1)〉, 《홍수, 잠든 백제를 깨우다》(역사의 한 페이지) 레디앙, http://www.redian.org/archive/ 134752?author=37552
- 김정은, 「뚝섬유원지의 생성과 공원화」, 『환경과 조경』46(1) 127~142쪽, 2018
- 소현숙, 「백제와 중국의 불교 교류」, 『백제의 불교 수용과 전파』(2022년 제20회 쟁점 백제사 학술회의), 한성백제박물관 백제학연구소, 2022.4.29, 7~10쪽, 한성백제박물관 백제학연구소.
- 강희정, 「백제와 중국의 불교 토론문」, 『백제의 불교 수용과 전파』(2022년 제20회 쟁점 백제사 학술회의), 2022.4.29, 90~91쪽, 한성백제박물관 백제학연구소.
- 한강 홍수 통제소: https://www.hrfco.go.kr/main.do
- 한국 향토문화 전자대전: http://www.grandculture.net/korea
- 문화재청: https://www.cha.go.kr/main.html
- 건국대학교 박물관: http://www.konkuk.ac.kr/do/Museum/ Index.do
- 고려대학교 도서관 고지도 컬렉션: https://library.korea.ac.kr/ oldmap/
- 정선, 『경교명승첩』(1741~1750), 간송미술재단
- 국립중앙도서관, 〈목장지도〉, 1678
- 국립중앙박물관, 『일제강점기 자료조사 보고서4』(한강유역 선사유물, 橫山將三郎 채집자료), 국립중앙박물관, 2010.

- 박종관, 「아차산의 자연지형」, 『한국자연보존연구지』4(1), 2006

- 최선웅, 「목장지도해설」, 『월간 산』, 2019

- 『을축년(1925년) 대홍수의 평가 및 홍수기록 복원 연구』, 한국물 학술단체연합회

- 한상우, 「조선 시대 '경기'지역 목장 연구」, 『조선 시대 '경기' 연구』(서울역사 중점연구 06), 서울역사편찬원, 2019

- 국립중앙박물관, 조선총독부 박물관문서 중 [고적·유물 목록] https://www.museum.go.kr/modern-history/inquiry4.do

- 광진 문화원 http://www.kjcc.or.kr/

- 운암김성숙기념사업회 : http://www.kimsungsuk.or.kr/

- 동아일보, 중앙일보, 시사저널

사진출처 목록

12쪽 아차산 팔각정 부근 화강암 언덕(저자 양경태)

14쪽 편마암 – 주로 가로 세로로 검은색 바탕에 흰줄이 그어져 있는 돌입니다(저자 양경태).

15쪽 화강암 – 흰 바탕에 검은 점이 박혀있는 돌. 도로와 인도 경계석이 대부분 화강암입니다(저자 양경태).

20쪽 橫山將三郎 수집 석기 그림(국립중앙박물관)

21쪽 선사시대 생활상을 복원한 사진(롯데월드)

24쪽 상 금동불좌상(金銅佛坐像). 십육국시기(十六國時期, 304~439) 높이 7.9Cm 산동성 보싱현(博興縣) 룽화사지(龍華寺址) 출토 산둥성 보싱현박물관 소장(금강신문)

24쪽 하 금동불좌상(金銅佛坐像). 5세기 전반 높이 4.9Cm, 서울 뚝섬 출토(국립중앙박물관).

26쪽 상좌 5세기 전반 백제의 청자 닭머리 주둥이 그릇(한성백제박물관)

상우 신라토기. 고구려, 백제와는 확연한 차이를 보인다. 이 정도의 토기는 백제에서는 무수히 많다(국립중앙박물관).

31쪽 석촌동 돌무지 무덤(국립중앙박물관)

32쪽 하남강일공공주택지구조성사업부지에서 4세기 조선 중반~5세기 후반에 제작된 것으로 추정되는 굴식 돌방 무덤 50기 / 사진은 석실분 모습(고려문화재연구원)

33쪽 무령왕릉 내부

서울, 광진 천년을 살다

169쪽 1940년 전후 김성숙 두진훼이(杜君慧).

　뒷줄 가운데 남녀 두진훼이, 김성숙…

　앞에 남자아이 둘이 그들의 아들 둘(운암김성숙기념사업회)

171쪽 조선의용대 성립 앞줄 가운데 김성숙(1939.10)(운암김성숙기

　념사업회)

175쪽 상해임시정부 입국기념사진 2열 왼쪽에서 네 번째(1945)(국

　사편찬위원회)

181쪽 1960년대 후반 구의동 피우정 약도(운암 김성숙기념사업회)

찾아보기

서울, 광진 천년을 살다

서울, 광진 천년을 살다

서울, 광진 천년을 살다

— 광진 역사문화기행

발행일 | 초판 1쇄 2023년 8월 20일
지은이 | 양경태
펴낸이 | 김종만·고진숙
펴낸곳 | 안티쿠스
기획·편집 | 김종만
디자인 | 디노디자인
제작진행 | 피오디북(POD Book)
인쇄 | 천일문화사
제본 | 대흥제책
물류 | (주)문화유통북스
출판등록 | 제300-2010-58호(2010년 4월 21일)
주소 | 03020 서울시 종로구 자하문로 41길 6, 가동 102호
전화 | 02-379-8883
팩스 | 02-379-8874
이메일 | jm-kayapia@hanmail.net

ISBN 978-89-92801-53-9 03980